桥梁敷设高压电缆
技术与应用

张振鹏◎主编

中国电力出版社
CHINA ELECTRIC POWER PRESS

内 容 提 要

随着城市电网建设规模的快速增长与沿海岛屿的经济开发建设，在城市内的跨海、跨江的桥梁通道上建设高压电缆的线路工程越来越多。本书以桥梁敷设高压电缆线路相关技术领域的研究成果为基础，结合浙江舟山舟岱大桥 220kV 电缆线路工程建设实践经验，系统介绍了高压电缆线路在桥梁上的设计、敷设施工及运行维护的关键技术问题。

本书共分为 7 章，内容包括桥梁敷设电缆工程概况、桥梁敷设高压电缆工程设计与实例、桥梁敷设电缆的伸缩补偿、桥梁电缆敷设施工、桥梁电缆线路的运行维护、桥梁电缆线路的带电检测与状态监测、桥梁电缆的机械特性与振动特性分析。

本书可供从事电力电缆线路设计、建设、施工、运维的相关技术人员阅读使用，也可供电力电缆专业广大师生阅读。

图书在版编目（CIP）数据

桥梁敷设高压电缆技术与应用/张振鹏主编．—北京：中国电力出版社，2024.1
ISBN 978-7-5198-8447-5

Ⅰ.①桥…　Ⅱ.①张…　Ⅲ.①桥梁施工—高压电缆—电缆敷设　Ⅳ.①TM757

中国国家版本馆 CIP 数据核字（2023）第 245184 号

出版发行：中国电力出版社
地　　址：北京市东城区北京站西街 19 号（邮政编码 100005）
网　　址：http://www.cepp.sgcc.com.cn
责任编辑：崔素媛（010-63412392）
责任校对：黄　蓓　于　维
装帧设计：郝晓燕
责任印制：杨晓东

印　　刷：三河市万龙印装有限公司
版　　次：2024 年 1 月第一版
印　　次：2024 年 1 月北京第一次印刷
开　　本：787 毫米×1092 毫米　16 开本
印　　张：12.5
字　　数：209 千字
定　　价：79.00 元

编 写 组

主　编　张振鹏

副主编　钱　钢　康　纬　王根成　涂　磊

参　编　丛　贇　李忠磊　闫循平　徐建良　石　礁　李春梅

金建伟　江贞星　陈廷栋　侯俊平　李文杰　黄友聪

严安军　李　震　虞晗波　王少华　郑新龙　侯松生

谢仕挺　孙晓龙　章李刚　徐明忠　徐良军　吴文捷

刘根才　徐在德　徐　健　吴海飞　张薪军　高　震

俞铁勇　李小炳　齐磊磊　俞培海　赵程磊　张秋芬

付　平　夏兰强　梅　斌　舒　琪

主　审　赵健康　赵　洪　杜伯学

前　言

随着国家海洋战略的实施及海洋经济的发展，海岛供电、跨海输电的需求逐渐增加，由于海缆登陆海岸资源及海缆路由资源日趋紧张，利用跨海大长度桥梁作为电力通道走廊敷设高压电缆，成为跨海电力联网工程中较为经济的选择方案之一。同时国内城市电力建设的快速推进，利用城市内跨江、跨湖及城市交通桥梁敷设的高压电缆线路数量也在不断增长。因此，敷设在桥梁上的高压电缆线路是重要的电能输送通道，其重要性不言而喻，其运行可靠性关乎整个电网的安全运行，并且一旦桥梁电缆出现故障、抢修等工作耗时费力。高压电缆敷设在桥梁通道内时，其敷设施工及运行环境均有别于陆地上敷设运行的电缆线路。高压电缆在桥梁上其结构层额外承受长期的机械力的作用，如果对机械振动及位移处理不当，将加速电缆绝缘损伤及劣化，甚至导致电缆线路发生故障。

目前，国内缺少系统介绍桥梁电缆线路相关研究工作及技术经验的资料，对于如何在设计和运维阶段提高桥梁通道内电缆线路运行可靠性是解决当前桥梁电缆线路应用的关键，也是国内电网公司等企业开展桥梁电缆线路建设和运维工作的迫切需求。

本书以桥梁环境敷设运行的电缆线路为对象，结合国内浙江舟岱大桥 220kV 电缆线路、平潭岛公铁大桥 220kV 电缆线路等主要的桥梁电缆工程的建设经验，组织参与桥梁电缆线路相关专业研究人员、工程建设人员共同编写了本书，介绍桥梁电缆线路设计、施工及运行过程中的技术关键点，分享成果和经验，希望能为今后桥梁电缆建设工程提供有益参考。

本书的编写单位包括中国电力科学研究院有限公司、国网浙江省电力有限公司舟山供电公司、天津大学、国网浙江省电力有限公司、国网福建省电力有限公司电力科学研究院、湖北省电力规划设计研究院有限公司、国网江西省电力有限公司电力科学研究院、江苏亨通高压海缆有限公司、哈尔滨理工大学等。

此外，对参与编写的单位及人员、对提供资料和参与评审的专家致以诚挚谢意，对电力工业电气设备质量检验测试中心为本书出版给予的支持致以谢意。

由于编者水平有限，书中若有疏漏不当之处，还请广大读者提出宝贵意见。

编　者

2023 年 12 月

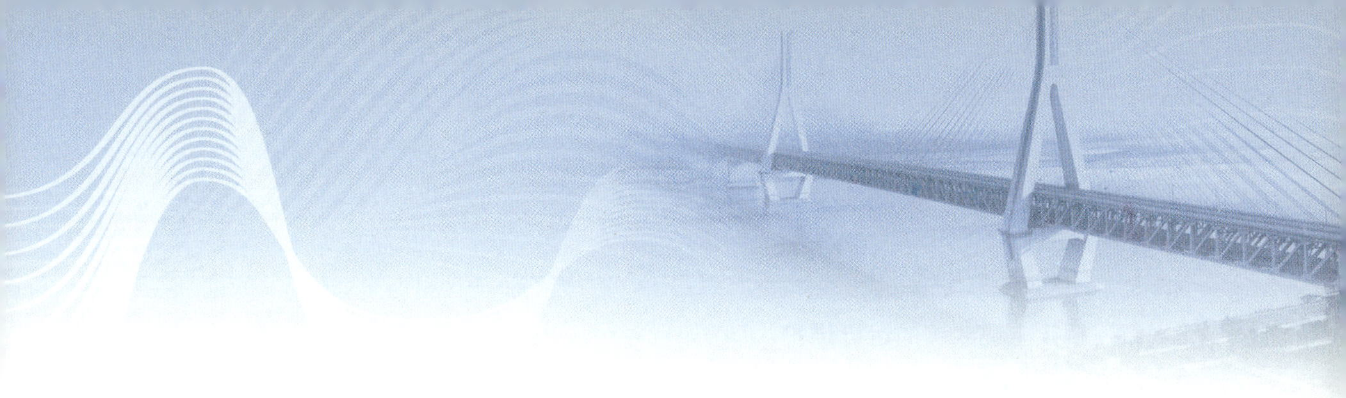

目　录

第1章　桥梁敷设电缆工程概况

1.1　国内桥梁敷设高压电缆工程的发展

我国早在1912年就在桥梁上敷设电力电缆，距今已有100多年的历史。国内的沿海城市及各城市均有高压电缆在桥梁上敷设的工程案例，随着国内城市桥梁及跨海桥梁建设的增多，桥梁已成为电力电缆线路的重要通道，特别是进入21世纪后，国内很多城市建成了桥梁电缆线路，下面简要介绍几个主要城市的桥梁电缆线路的应用情况。

1.1.1　上海

在上海地区大约有170多座桥梁上敷设有各种规格的电力电缆，桥梁上敷设的电缆的电压等级覆盖6.6、10、35、110kV及220kV等，这些电缆自1912年起陆续投运，尚有电力电缆运行至今。在苏州河的外白渡桥、四川路桥、乍浦路桥、浙江路桥、长寿路桥等都敷设有各种电压等级的电缆。随着上海跨海桥梁的建设增多，桥梁上敷设的电缆线路长度越来越长，桥上敷设的电缆线路的电压等级也逐渐达到了220kV。

1. 东海大桥电缆工程

在上海东海大桥上敷设运行的是110kV电力电缆，设计和施工克服了许多技术难题，该工程为电力电缆在超长距离大桥上应用的工程设计与施工方面积累了宝贵经验。

东海大桥是上海国际航运中心的重要工程，是洋山深水港与上海陆域的唯一通道，如图1-1所示。上海深水港港址位于长江口外浙江省嵊泗县境内的大、小洋山岛屿之

图 1-1 上海东海大桥

间，距上海南汇约 30km。为解决港区的电源配套问题，根据上海电网对小洋山港区的供电方案，从 220kV 芦一变电站引出两回 110kV XLPE 绝缘电力电缆，经过芦潮港地区、东海大桥、海堤、颗珠山大桥，进入小洋山港区的 110kV 变电站。该电缆线路全长 38km，桥上部分 25km，陆上部分 13km。根据电缆的性能、防火能力、施工难易程度等，选择了 110kV 交联聚乙烯电缆系统。

该工程电缆从 2004 年 8 月开始施工，与大桥建设同步进行。这项工程是当时国内第一个 110kV 长距离跨海桥梁工程，也是上海电网中线路最长的 110kV 电缆线路，同时也是世界上桥梁敷设距离最长的 110kV 交联电缆线路之一。工程采用沈阳古河电缆公司提供的 1×630mm^2 XLPE 绝缘电力电缆，全程分 53 个敷设段，双回路 6 根共计 318 盘电缆；电缆附件 324 套（其中 GIS 终端 12 套、绝缘接头 300 套、直通接头 12 套）。

2. 长江隧桥电缆工程

上海电网建设两回上海大陆至长兴岛和崇明岛的电缆线路，为充分利用正在建设中的市政隧道、大桥空间资源，将 220kV 电缆利用长江隧道及大桥作为通道，成为当时国内在桥梁及市政隧道敷设最长的 220kV 高压电缆线路。

该工程电缆从 220kV 洲海（五号沟）变电站出线，沿环东一大道向南至五洲大道，沿五洲大道向东至越江隧道，借越江隧道通过长江后登陆长兴岛；进入长兴 220kV 变电站，再从长兴 220kV 变电站出线，沿岛上的排管路径向北登上长江大桥至崇明，最终进入陈家镇 220kV 变电站，线路总长度达到 37km。其中桥梁上敷设长度约为 9.2km，电缆随桥梁侧壁 L 型吊装敷设及伸缩装置（上海长江隧桥）如图 1-2 所示。在隧道内及大桥上行及下行段各敷设一回双拼电缆。敷设的电缆截面为 800mm^2，导体采用五分裂结构，在进入隧道、大桥的竖井处，利用电缆接头进行过渡。为保证隧道及大桥上电缆的阻燃性能，隧道及大桥上电缆选用阻燃 PVC 外护套。

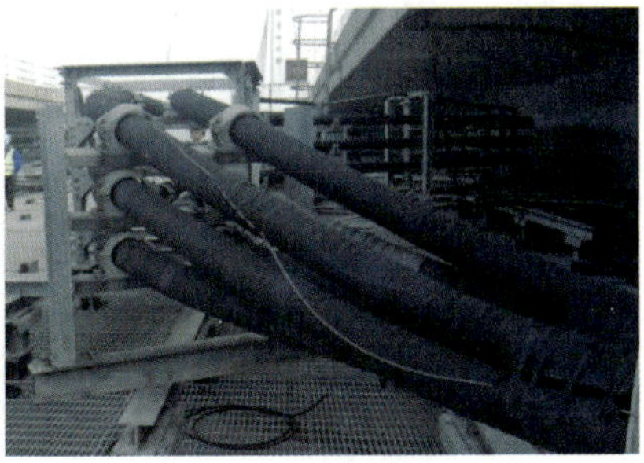

图1-2 电缆随桥梁侧壁L型吊装敷设及伸缩装置（上海长江隧桥）

1.1.2 广东

1. 广州德坭立交桥

广州德坭立交桥扩建时，在桥南侧人行道预留总宽3.5m、深0.3m的电缆通道，为电缆线路安全通过铁路线路提供了通道资源。在桥上的电缆通道设计采用箱式结构，通道设计分为3部分，分别敷设10、110kV及220kV高压电缆。电缆引桥的设计采用钢结构下桥装置，偏入主桥底并转向90°后垂直落下的方式，在转弯部位满足3m的电缆敷设运行转弯半径要求。敷设在桥上的220kV电缆长度为650m，考虑到电缆在桥上敷设的长度和落差不大，利用电缆在引桥与立交桥接合部形成的弯曲段吸收其热膨胀。

该工程采用多台拉力机分段敷设，分别牵引电缆牵引头和中段电缆等施工技术，解决了工程中存在的敷设线路弯位多，放线难度大，且雨季施工不利于履带式牵引机的使用等问题。

2. 广州海珠桥

从1978年开始，在海珠桥上先后安装35、110kV和220kV三回高压电力电缆。由于桥梁伸缩量不大，电缆伸缩是利用电缆引桥和桥梁结合部分的伸缩弧吸收伸缩。

3. 江门新会崖门大桥

2003年，在如图1-3所示的新会崖门大桥上敷设110kV 400mm^{2}电力电缆线路。该桥总长为1298m。电缆全长为1532m，无中间接头，为当时国内敷设的最长分段电缆。在主跨与引桥过渡部位，装有研究开发的伸缩装置两套，伸缩量超过300mm。施工中采用多项方法（如平移式吊篮构架、管道安装作业），有效解决桥梁外高空作业的安全与进度，还对特制加长的电缆管驳口进行设计改进。管道与大桥之间的固定采用特制U型结构防止移位，电缆管开口通风的设计可有效提高线路载流量。在主跨箱横梁内敷设电缆时，采用18台输送机与牵引机同步敷设，解决大长度电缆敷设时牵引力及侧压力偏大的难题。

图1-3　新会崖门大桥

4．佛山东平大桥

2006年，佛山市为开展佛山新城区的建设，将佛吉线11～23号塔段架空线改为电缆线路。该段电缆回路长为5.34km，电缆选用220kV 2000mm^{2}交联聚乙烯绝缘电力电缆，电缆中间接头共10组。该电缆线路在东平大桥上敷设安装，东平大桥为悬拱桥结构，主跨300m，钢结构桥梁全长（伸缩缝～伸缩缝间）578m，为双向六车道设计，如图1-4所示。该工程采用电缆伸缩补偿装置（OFFSET）和防震措施，解决大桥对高压电缆线路的不利影响；采用蛇形敷设方式，解决电缆热蠕动和热胀冷缩，利用共振原理及相应的防震措施，解决大桥上电缆的振动问题。

图1-4　佛山东平大桥

1.1.3 浙江

1. 舟山舟岱大桥

舟岱大桥位于中国浙江省舟山市灰鳖洋海域，由长白西航道桥（南通航孔桥）、舟山中部港域西航道桥（主通航孔桥）、岱山南航道桥（北通航孔桥）、非通航孔主桥、非通航孔引桥和长白互通立交桥组成，线路呈西南至东北方向布置，如图1-5所示。路线全长24.83km，其中跨越灰鳖洋的桥梁长度为15.90km，引桥长13322m，采用60m跨径箱梁。

图1-5 舟岱大桥

电缆从马目侧上舟岱大桥后，2回电缆分别独立敷设于登陆段62.5m混凝土箱梁内侧L型钢平台，向前行进约0.5km，2回电缆合并通过1280mm电缆伸缩补偿装置（OFFSET）后进入南通航孔桥钢箱梁内部，并通过南通航孔桥另一侧1280mm电缆伸缩补偿装置（大OFFSET）转出，此后2回电缆再次独立敷设于中间段70m混凝土箱梁内侧L型钢平台，向前行进约6km，以通过南通航孔桥类似方式通过主通航孔桥，再分别沿中间段70m混凝土箱梁、北通航孔桥、登陆段70m及62.5m混凝土箱梁的内侧L型钢平台至岱山双合互通附近，通过电缆立柱下桥登陆岱山岛。

220kV电缆在舟岱大桥上敷设长度约为16.24km。选用的电缆为YJLW02-127/220-1×2500，采用交联聚乙烯绝缘材料、皱纹铝护套结构及聚氯乙烯外护套。

2. 舟山小干二桥110kV电缆工程

小干二桥南起小干岛规划纬七路以北80m，北至本岛距海天大道南侧130m处，全长约1455.2m，其中桥梁长度约1246m，道路长约209.2m，如图1-6所示。

图 1-6　小干二桥

该工程随桥电缆敷设于电缆专用箱式槽盒中，在主桥中间每隔 4m 设置横隔板，板上开 4 个 944mm×324mm 孔，槽盒全程贯穿大桥横隔板。为防止槽盒因受力过大而发生变形损坏，在槽盒外安装工字槽钢，同时每隔 50m 左右设置工作平台用于电缆的安装检修。电缆敷设伸缩的吸收方案采用水平、垂直蛇形布置相结合；在引桥与主桥结合部位采用垂直蛇形布置，其余部位采用水平蛇形布置，在大桥伸缩缝位置处设置对应的伸缩型槽盒，以消除大桥自身的长度变化影响。

3. 宁波梅山大桥 110kV 电缆工程

梅山大桥桥长 1487m，如图 1-7 所示。该工程电缆引上点在桥西端的 0 号桥墩，引下在 22 号桥墩，随桥敷设电缆长度 1km，电缆上下桥采用竖井方案，电缆敷设于桥中间下方箱梁之间安装的钢格栅板上。电缆敷设伸缩的吸收方案采用蛇形布置方案；在大桥伸缩缝位置处设置小型伸缩补偿装置。

图 1-7　梅山大桥

1.1.4 福建

1. 平潭海峡大桥

福建平潭大桥起点位于福清市东瀚镇小山东，跨越海坛海峡，终点至平潭娘宫，路线全长4976m，其中桥梁总长3510m，是平潭县进出岛的重要通道，如图1-8所示。在桥梁上敷设的电缆全长3.5km，电压等级为220kV，截面尺寸2500mm^2，在大桥箱梁侧面蛇形敷设。电缆线路2010年投运，良好运行至今。

图1-8 平潭大桥

单回电缆敷设于桥梁内侧翼板下方的L型钢平台，电缆三相水平布置，采用水平蛇形敷设，在过大桥伸缩缝处，采用电缆伸缩补偿装置（OFFSET）。电缆接地方式为单端接地和交叉互联接地组合接地。电缆接头外包防水防火接头盒如图1-9所示。桥梁电缆所采用的OFFSET布置情况如图1-10所示，电缆接地体与大桥接地体相连。

图1-9 电缆接头外包防水防火接头盒

图 1-10　OFFSET 布置情况

2. 平潭海峡公铁大桥

如图 1-11 所示的平潭海峡公铁大桥是中国福建省福州市境内跨海通道，位于海坛海峡北口，是福平铁路、长乐—平潭高速公路的关键性控制工程，是合福高速铁路的延伸、北京至台北铁路通道的重要组成部分，也是连接长乐和平潭综合实验区的快速通道。

图 1-11　平潭海峡公铁大桥

平潭海峡公铁大桥内电缆通道如图 1-12 所示。这是平潭海峡公铁大桥上的福州井门—竹屿 220kV 线路工程的重要组成部分，在平潭海峡公铁两用跨海大桥上层高速公路桥腹中和大桥侧面敷设了全长 16.7km 的跨海大桥 220kV XLPE 电缆。与传统大桥电缆在大桥侧边的附着式桥架上进行敷设不同，平潭公铁大桥桥缆是福建省内首次借助箱涵进行敷设电缆施工，采用 24 套 OFFSET 伸缩装置，并全程采用蛇形敷设。

图1-12 平潭海峡公铁大桥内电缆通道

1.2 国外桥梁敷设高压电缆工程的发展

在桥梁上敷设电缆在国际上也是一种通行的做法，在日本、美国、澳大利亚、法国等国家利用交通桥梁敷设电缆至今已有100多年的经验。特别是20世纪80年代后期，国际上高压电缆敷设在桥梁上过河的例子很多，线路电压等级有187、275kV及500kV，采用的电缆有交联聚乙烯电缆、钢管充油电缆和自容式充油电缆。在日本东京，电缆过桥长度为500m以上的桥梁有26座，电压等级为6.6～275kV，迄今为止这些线路运行情况良好。在新建的公路铁路共用悬索吊桥上敷设的有大鸣门桥和濑户内海大桥（由10座桥组成，有悬索吊桥、斜拉桥、混凝土桥和桁架桥）。日本大鸣门桥敷设的是187kV XLPE绝缘电力电缆；濑户内海大桥敷设的是500kV PPLP绝缘充油电缆。美国在Viaduct的混凝土公路桥上敷设115kV充油电缆；委内瑞拉在马拉开波湖桥上敷设230kV充油电缆。

1.2.1 澳大利亚

1. 布里斯班维多利亚公路桥

1989年，在布里斯班河（Brisbane River）上的一座“箱梁”型公路桥的混凝土结构内安装了导体截面为400mm²的110kV交联聚乙烯波纹铝护套电缆。设计了一种特殊的弓形弹簧装置，并将其定位在桥上3个膨胀点处的桥结构内。在3m中心处垂直弯曲，弯曲的电缆每隔1m固定，以避免由于桥梁的热膨胀和收缩而在桥梁移动点处对电缆施加局部应力。

2. 布里斯班库克船长桥

2007 年，110kV 单芯 1660mm^{2}波纹护套交联聚乙烯电缆系统安装在布里斯班库克船长（Captain Cook）桥的下侧一个特别建造的钢架上。电缆呈品字形布置并水平蛇形弯曲敷设，在桥梁移动点处的桥梁安装更复杂的结构，该结构在安装前经过专门设计和测试，以确保系统在这些点运行，不会对电缆造成过度应力。安装在桥梁下侧的钢缆结构如图 1 - 13 所示。

图 1 - 13　安装在桥梁下侧的钢缆结构

1.2.2　英国

英国的利河（River Lea）桥梁上敷设有多回 132kV 交联电缆，采用品字型布置，每回电缆在穿越伸缩缝时采用预置的弧形钢板作为电缆伸缩补偿装置（OFFSET）的主体，如图1 - 14所示。

1.2.3　日本

1. 濑户内海大桥

日本的一个典型应用是著名的“本州—四国互连链路”，在该链路中，500kV 充油、

图1-14 利河桥 OFFSET 的弧形钢板

187kV 和 77kV 交联聚乙烯电缆系统安装在长吊桥上。A 桥上的 77kV 交联聚乙烯电缆系统、B 桥上的 187kV 交联聚乙烯系统和 C 桥上的 500kV PPLP 绝缘充油电缆。

该桥梁设计初衷为“多用途结构”，用于公路、新干线高速列车、电信电缆、电力电缆和其他服务，在桥梁设计阶段考虑了电缆安装空间和电缆重量对每个桥梁结构的影响。关西大桥的典型横截面及高压电力电缆的位置如图 1-15 所示，其采用了各种创新技术，将电力电缆安装到长吊桥上，使其适应桥梁的行为，最大限度地减少与其他服务的相互干扰，并保护环境。考虑到缆索和结构的共振频率，通过使缆索的支撑间隔最佳化，减轻了车辆和列车通过时产生的振动。为了保护环境，充油电缆安装在带有减压机构的纤维增强塑料（FRP）型槽中。通过调整电缆布置，将通信线路上的电磁感应电压降低到允许值以下。

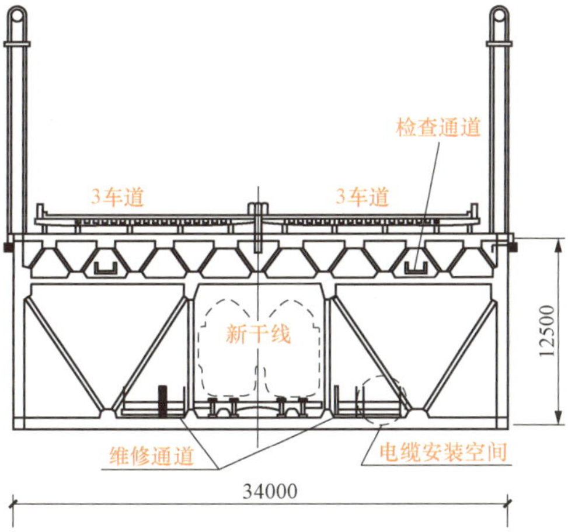

图1-15 关西大桥的典型横截面及高压电力电缆的位置

2. 日本四木大桥

日本1986年建成的四木大桥桥梁桁架结构中敷设电压等级275kV、截面尺寸1400mm^{2}的充油电缆，全长1045m，如图1-16所示。

图1-16 四木大桥实景

3. 日本大鸣门吊桥

大鸣门吊桥公路桥为1986年建成的世界第一座长距离吊桥，其实景如图1-17所示。

图1-17 大鸣门桥实景

大鸣门吊桥（全长1629m）下方电缆槽盒内敷设有超高压电力电缆，为电压等级187kV的交联电缆，截面尺寸2000mm^2，全长1600m。该工程在桥梁伸缩缝处首次使用了电缆伸缩补偿装置（OFFSET），如图1-18所示。

随后此项技术在多个电力电缆过桥梁工程中被相继运用，如濑户大桥关西国际空港联络桥、明石海域大桥等电力电缆敷设工程均采用此项技术。

1.2.4 韩国

在永宗台大桥上安装了154kV的专用电力电缆系统，为仁川国际机场提供电力。在

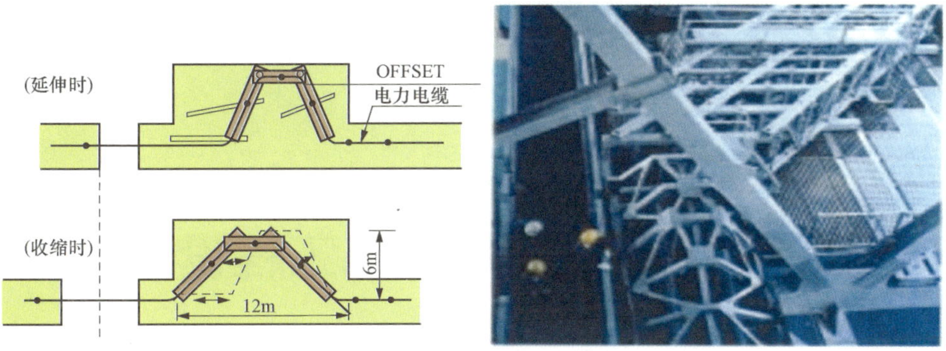

图1-18 大鸣门桥的电缆伸缩补偿装置（OFFSET）

桥梁中的电缆长度为4.3km，XLPE电缆系统在桥梁结构内采用蛇形方式布置，以降低桥梁移动对电缆造成的影响，桥上154kV电力电缆接头安装和电缆布置如图1-19所示。

图1-19 桥上154kV电力电缆接头安装和电缆布置

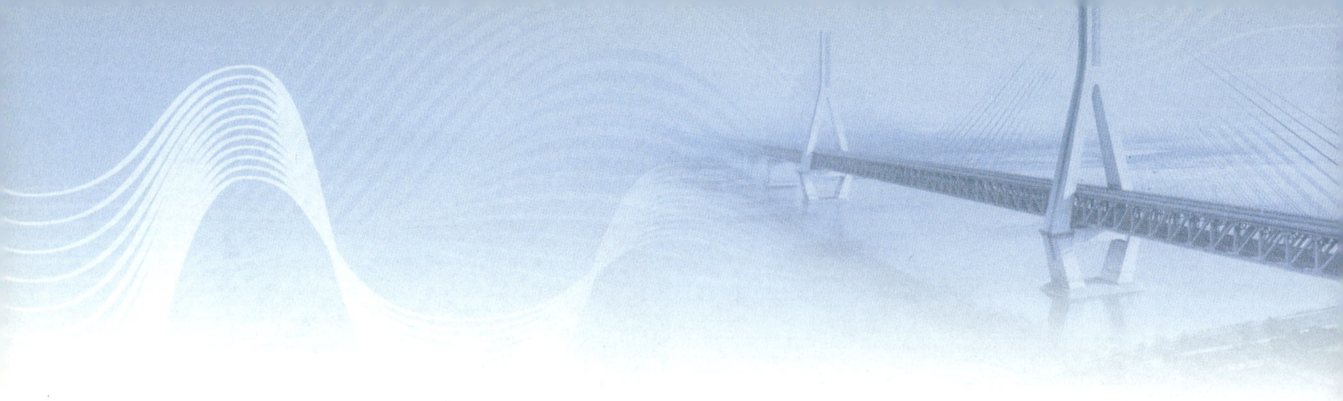

第 2 章　桥梁敷设高压电缆工程设计与实例

高压电力电缆在桥梁上敷设运行是一项工作非常复杂的工程项目，除了桥梁部门担心高压电力电缆在桥梁上会造成桥梁不安全影响外，对高压电力电缆本身而言在桥梁上敷设时必须考虑采用措施保证输电安全可靠，施工方便及维护检修便利。本章将结合在桥梁上敷设高压电力电缆工程实例，对桥梁上敷设高压电缆系统所涉及的设计难点与解决方案进行分析和总结。

2.1　桥梁电缆线路设计要点

2.1.1　电缆通道设计

对于桥梁来说，高压电缆需要的空间并不大，桥梁本身为了结构的需要一般会留有箱体结构或钢桁架结构，前者如混凝土梁或钢梁结构，后者可为高压电缆敷设提供较好的安装空间。

一般来说，在桥上敷设的电缆需要考虑以下几个方面的空间需要：①电缆本身（包括附件）在桥梁上的空间；②电缆伸缩装置在桥梁上的空间；③运行、维护和施工安装在桥梁上的空间。

高压电缆在桥梁上敷设通常有以下几种形式。

1. 钢桁架式结构大桥

具有代表意义的是日本濑户大桥，濑户大桥上采用 500kV 2500mm^{2}充油电缆，敷设在防火槽盒内，电缆敷设在桥梁钢结构桁架内，利用桥体本身钢杵架的一个空间内敷设电缆并预留运行人员通道。

2. 混凝土箱梁结构大桥

从目前国内桥梁建设情况来看，新建或在建的不少桥梁均属于这种形式，其中有数条桥梁上已敷设或将要敷设高压电缆。对于这种桥梁来说，电缆敷设方式多样，以下介绍比较有代表性的几种形式。

（1）混凝土箱梁。这种形式的混凝土箱梁由于自身结构的需要，往往会设置一个较大的箱体，对于高压电缆敷设来说，直接利用这个箱体进行电缆、电缆附件甚至电缆伸缩装置的安装是经济且安全可靠的方案。

东海大桥中大部分电缆穿越混凝土桥面下的箱梁内，箱梁一般净高 2.5～3.5m（局部 5～6m），箱梁内净宽 5～6m。结合这种空间条件，电缆在混凝土桥内的断面与湘江大桥类似，即两回路电缆采用水平蛇形布置，但电缆是放置在电缆支架上，采用电缆夹具固定。混凝土箱梁电缆布置如图 2-1 所示。

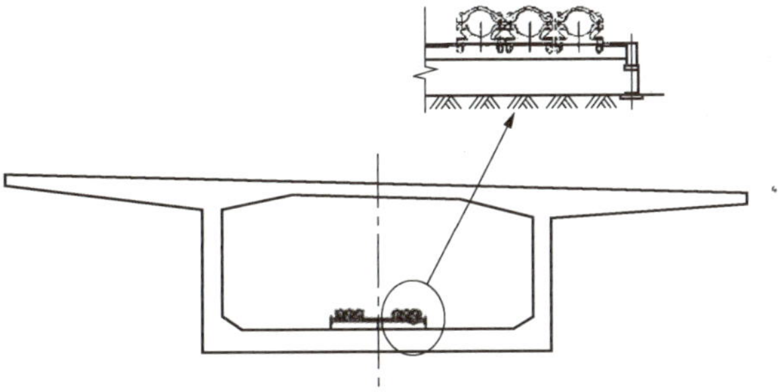

图 2-1　混凝土箱梁电缆布置

（2）管线桥形式。在有些桥梁本身不采用箱梁形式，或者虽然采用箱梁形式，但内部结构复杂，空间狭小，再或者箱梁内部空间不足以设置伸缩装置等情况下，也可以采用设置专用的管线桥架的方式，比较有代表性的有东海大桥、长江大桥及佛山东平大桥。

东海大桥工程中在电缆上下桥及进出斜拉桥部分由于混凝土箱梁空间不足，采用了管线桥的形式，电缆与水管、通信光缆放置在两侧箱梁中间钢结构桥上。东海大桥管线桥电缆布置如图 2-2 所示。

（3）钢箱梁形式。相对于混凝土桥箱梁，受桥梁结构的限制，斜拉桥箱梁形式比较多样，结构往往比较复杂，电缆敷设时受桥梁结构的限制往往会更多。东海大桥工程中电缆穿主通航孔的钢箱梁断面如图 2-3 所示。

而对于类似长江大桥、东平大桥的钢箱梁来说，由于钢箱梁内部存在不少钢桁架，

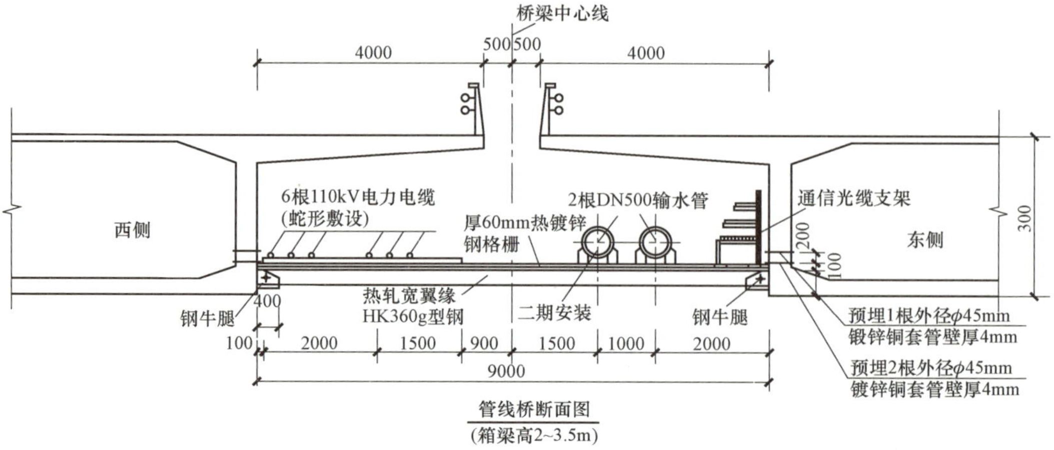

图 2-2　东海大桥管线桥电缆布置

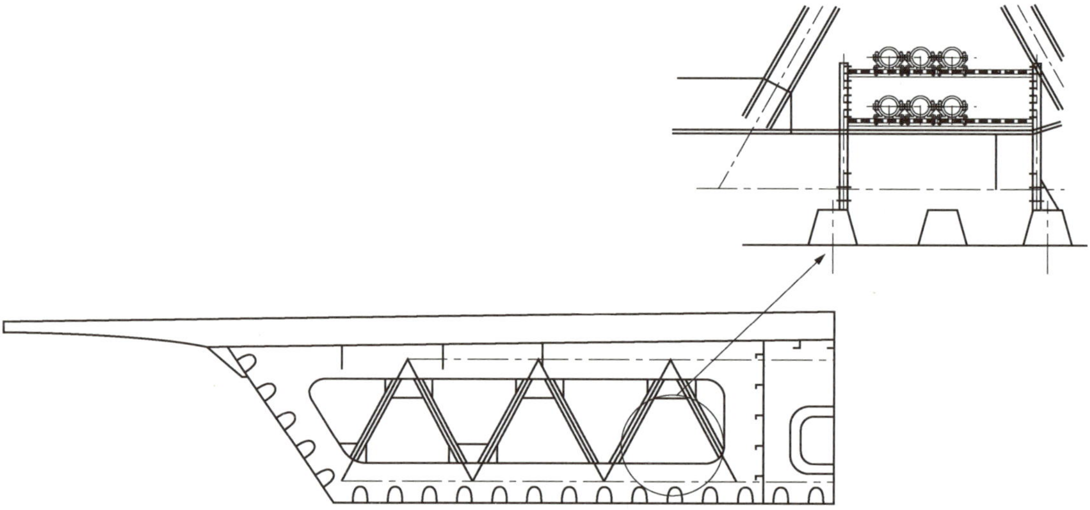

图 2-3　电缆穿主通航孔的钢箱梁断面

空间狭小，电缆很难进入，因此采用了在桥梁外部悬挂桥架的方式。

（4）其他形式。除以上几种形式外，还有电缆敷设其他形式，如通过悬挂在桥梁侧壁的管道敷设电缆；在桥梁人行道下设置管道敷设电缆等。采用什么形式的敷设方式并不是唯一考虑因素，关键是采用合适的措施使高压电缆能够适应大桥特殊的敷设环境。

2.1.2　桥梁电缆敷设的空间设计

在桥梁上敷设电缆往往敷设条件比较恶劣，敷设空间、敷设场地均不如陆地上宽裕，在大桥上的电缆施工，在桥内电缆通道内设置履带式输送机及滚轮，电缆运输车停靠在大桥桥面，由桥面将电缆向管线桥牵引。在桥上敷设电缆需满足两个条件：①桥面能够通行电缆敷设车辆，且能够封闭2～3根车道用于电缆敷设；②桥面上需留有电缆引入孔及设备、人员上下的出入口。

桥梁上为了解决桥梁本体的伸缩，每隔一段距离即会设置伸缩缝，在伸缩缝附近，一般电缆需要设置伸缩装置。相比电缆（包括电缆附件），电缆伸缩装置需要的空间要大一些，荷载也相应会大，因此在大桥的伸缩缝区域，需要预留更大的空间。

实际上，桥梁部门为了保证桥梁建设的进度，往往很难保证桥梁封闭的要求，经常在大桥土建未施工结束就要求电缆施工单位上桥施工。因此，桥上电缆施工可能需要考虑海上电缆盘的运输及敷设方案。

此外，一般电缆均敷设在大桥箱梁或专用管线桥内，为保证电缆运行维护的需要，在桥梁设计时需要与大桥设计及业主方及时沟通，在桥梁上预留电缆运行人员通道，考虑日常巡检及日后电缆发生故障时抢修、更换电缆的需要。根据经验，需要在大桥电缆通道内一般需预留宽度要超过1000mm，净高超过1900mm的运检通道，在短段穿越箱梁等特殊地段，水平穿越的人孔高度应高于1000mm，垂直穿越的人孔直径大于800mm，这样才能满足基本的运行、检修需要。

从目前已建的电缆过桥工程来看，电缆敷设的真正难点往往是电缆上下桥及电缆穿越桥梁内部孔洞时，由于大桥设计主要考虑桥梁自身的功能需要，对电缆工程提出的需求需要往往不够重视。因此，在开展大桥电缆的设计时应重点关注这些区域，尽早与桥梁设计沟通，尽可能在设计阶段即在桥梁上预留足够的孔洞和空间。

对于已施工完成的大桥来说，由于桥梁设计时一般不可能预先考虑电缆的敷设空间，此时增加电缆往往会遇到孔洞数量不够、电缆敷设空间有限或预埋件无处设置的难题，这样可能会给电缆的设计施工带来难以克服的困难，因此应尽可能在大桥设计阶段就将电缆的工艺要求与桥梁设计沟通。

2.2 典型桥梁电缆工程实例

2.2.1 上海长江隧桥高压电缆工程

1. 工程概述

两回上海至长兴岛、崇明岛的 220kV 电缆线路，利用正在建设中的长江隧道及大桥敷设过长江段的。其中在隧道敷设的长度约为 7.7km，在桥梁上敷设的长度约为 9.2km。在隧道内及大桥上行及下行段各敷设一回双拼电缆。

2. 电缆选型

根据电网规划及电缆载流量的计算结果，在隧道、大桥的空气环境下，敷设的电缆截面选择了双拼 800mm^{2}电缆导体均采用五分裂结构，在进入隧道、大桥的竖井处利用电缆中间接头进行过渡。电缆选用了阻燃 PVC 外护套及皱纹铝护套。

3. 大桥上的电缆设计

220kV 电缆安装在长江大桥上，长江大桥全长 16km，其中跨江段 10km，其断面如图 2-4 所示。

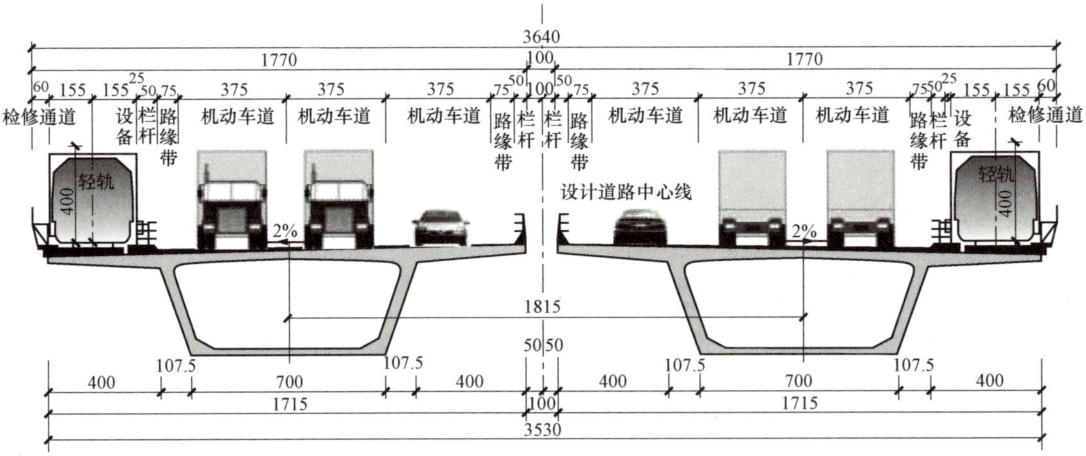

图 2-4 长江大桥断面

长江大桥分为上行、下行两座大桥，每座桥上各有 3 条汽车道及 1 条预留的轨道交通车道，从图 2-4 中可以看出，桥梁上方已没有足够的空间供 220kV 电缆敷设。因此电缆主要敷设在桥梁箱梁内部及专门架设的管线桥架上。由于桥梁结构比较复杂，综合技术、经济等多方面因素，针对大桥不同的结构，考虑了不同的电缆敷设方式。大桥的结构型式及电缆敷设方式见表 2-1。

表 2-1　长江大桥的结构型式及电缆敷设方式

序号	桥梁型式	电缆敷设段总长度（km）	电缆敷设方式
1	混凝土桥	6.4	大部分为箱梁内部敷设，局部管线桥架敷设
2	叠合梁	0.7+0.7	采用单侧管线桥架敷设
3	斜拉桥	1.4	敷设在钢横梁间的管线桥架上，每隔 13m 穿越一次钢横梁

在混凝土桥段，电缆敷设在箱梁内部，采用了箱梁内电缆水平敷设方式。混凝土箱梁内侧管线布置 1/2 断面如图 2-5 所示。

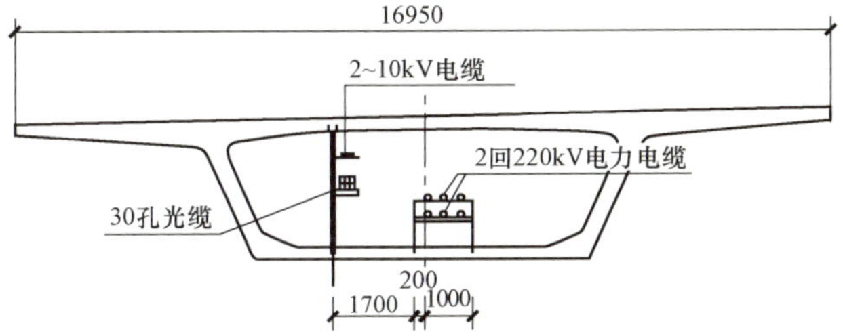

图 2-5　混凝土箱梁内侧管线布置 1/2 断面

在叠合梁段，由于大桥叠合梁内部结构复杂，且需要密封除湿，因此该段电缆未进入箱梁内部，而采用了半幅管线桥架方式，电缆采用水平布置方式。叠合梁段管线布置 1/2 断面如图 2-6 所示。

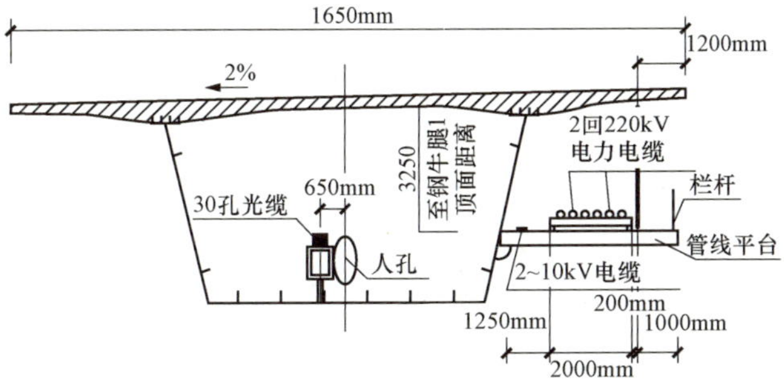

图 2-6　叠合梁段管线布置 1/2 断面

在大桥斜拉桥段，由于该段电缆每隔 13m 需要穿越一道钢横梁，为减小电缆对附近钢板产生的涡流影响，高压电缆布置为品字形，用以平衡产生的磁场。斜拉桥段管线布置断面如图 2-7 所示。

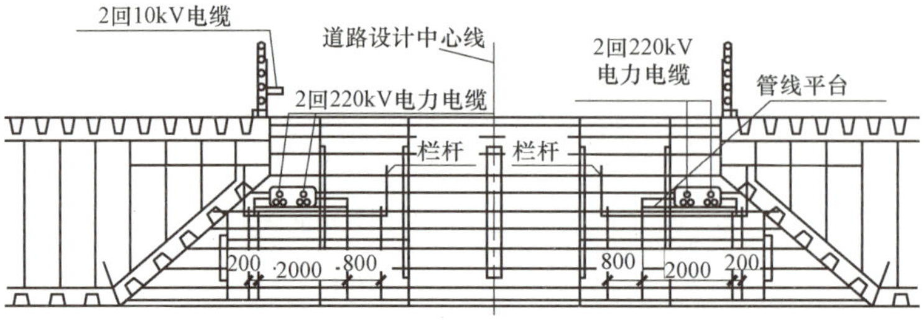

图 2-7 斜拉桥段管线布置断面

该工程电缆在大桥上主要采用了水平敷设方式，但局部地区由于受空间限制也采用了品字形敷设的方式（主要在斜拉桥区域）。经过核算表明，电缆的载流量能够满足工程需要。另外，为了应对温度变化引起电缆的热伸缩，大桥上电缆全线采用了水平蛇形敷设方式。

这项工程当时是国内最长的 220kV 电缆过市政隧道和大桥的工程，该工程充分利用了在建的市政隧道和大桥可利用空间资源，降低了工程造价，为类似桥梁电缆工程提供了借鉴。

2.2.2 日本大鸣门吊桥高压电缆工程

1. 工程介绍

大鸣门吊桥是公路和铁路共用桥，全长 1629m，主跨 876m。它是一座三跨连续双铰加劲桁架悬索桥，两座主塔高 144.3m，桥面宽 30m。日本完成了在大鸣门吊桥上架设 187kV 交联聚乙烯电力电缆工程，该电力线路是四国电力公司鸣门变电所和关西电力公司西淡变电所之间的联络线，全长 27km，其中 5.3km 为电缆，桥上部分为 1.8km，工程概要见表 2-2。

表 2-2 大鸣门吊桥电缆工程概要

电压	187kV
送电容量	360MW
电缆规格	187kV 1×2000m^{2}交联聚乙烯电缆
电缆长度	共计 5.3km

2. 电缆结构

此次采用的 187kV 交联聚乙烯电力电缆，在散热条件恶劣的管道内也能确保 360MW 容量。屏蔽采用波纹铝护套，每个夹具的握力为 500kg。在半导电层的外面再缠绕一层铜线混织的半导电带，以保证半导电层和铝护套之间的电气接触。半导电层的外面附加了绕包层以便吸收 90℃时达 2.3mm 的直径膨胀。

3. 桥上敷设技术

（1）桁梁端部的敷设。在桁梁端部要发生 1447mm 的伸缩及 2.6°的挠角，因此在敷设电缆时必须考虑吸收这些变形的装置。为研究吸收桥梁伸缩变形，特规定了如下限制条件。

1）电缆最小弯曲半径应大于 30*D*（*D* 为电缆铝护套的外径）。

2）经过 30 年，铝护套仍不得由于反复应力而发生疲劳破坏。

（2）桁梁标准部分（直段）的敷设。直段部分占全桥的 90%，在进行了风洞试验后，考虑到耐风稳定性，最后决定电缆的架构采用 3.1m 宽（双回路）0.4m 高的扁平长方形截面，电缆结构的位置设在列车轨道的旁边。为了吸收由温度变化和车辆通行产生的伸缩，直段部分的电缆架构每 10m 一段，一端固定在桁梁上，另一端为自由端，电缆本身按波浪形敷设可吸收桥身和电缆的伸缩变形。

4. 电缆附件

为了提高电缆接头的可靠性，全面采用现场制造的方式；增强绝缘厚度为 31mm；外部半导电层使用热收套管。

现场压接和现场交联要求严格的温度管理，故工程中使用电脑温度控制设备。由于鸣门海峡是日本国内很有名的强风地区，因此还研究开发了蛇皮式可伸缩的防风棚，并通过实际试验证实其防风效果良好，保证了施工质量。

5. 施工

1985 年 10 月在桥上开始敷设电缆，外径 3.4m、长 6m 的特大电缆盘放在拖车上，从桥面通过无级变速滚铲，往 12.5m 下的电缆架构放缆。架构上布置有很多滚轮，用牵引绳拽电缆，为了减轻由各部位摩擦引起的张力，在中间使用了履带式送缆机。

此工程的施工是在严峻的自然条件下与桥梁工程同时进行的，因此特别注意了安全管理、质量管理和施工管理。

6. 监测系统

该工程所使用的各种新技术在施工以前进行了包括实际规模的各种试验，基本上预先验证了效能，但完工后也有必要监测和验证设计条件、各种装置的长期稳定性，因此安装有利用电脑收集和分析各种有关数据的自动观测设备和系统。在桥上设置了 36 个传感器，测量桁梁的伸缩、挠角、迂回装置和电缆的动变，用光纤光缆把这些测量数据传送到大地锚处的观测站，定期分析这些信息。

2.3 舟岱大桥 220kV 电缆线路工程设计

舟岱大桥是从舟山本岛至岱山岛为主线跨海桥梁，舟岱大桥的桥梁起点位于舟山本岛斧双头山，终点位于岱山双合码头附近，全长 16347m。舟岱大桥地理位置示意如图 2-8所示。

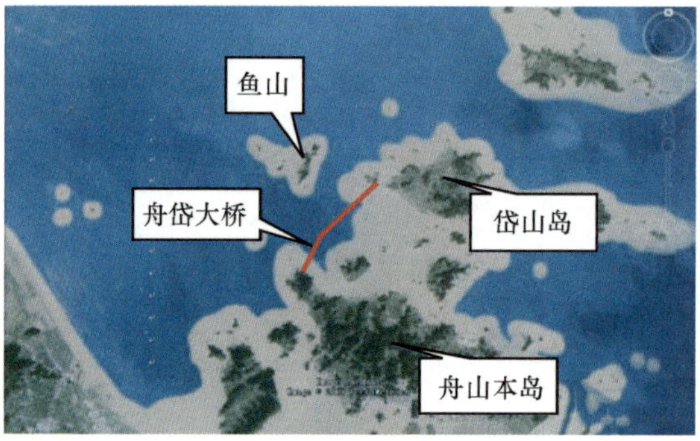

图 2-8 舟岱大桥地理位置示意

桥梁整体由 7 个区段组成，具体如图 2-9 所示。

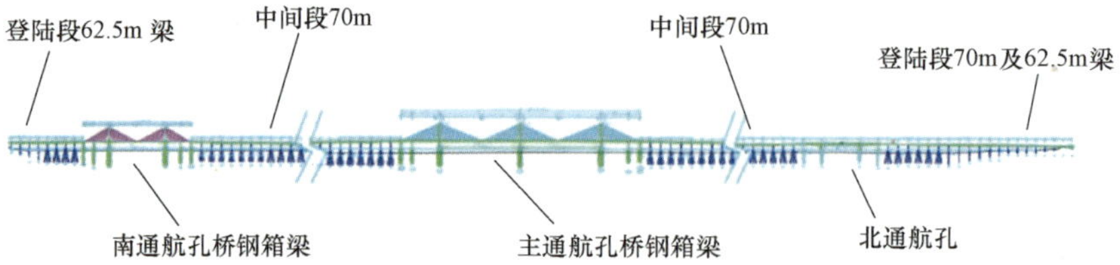

图 2-9 舟岱大桥组成区段

（1）南侧登陆段。62.5m 混凝土梁，共 562.5m。

（2）南通航孔桥。钢箱梁，750m。

（3）中间段混凝土箱梁。70m 混凝土梁，共 4970m。

（4）主通航孔桥。钢箱梁，1630m。

（5）中间段混凝土箱梁。70m 混凝土梁，共 6580m。

（6）北通航孔桥。类似 62.5m 混凝土梁（变截面，中间含 85m 钢箱梁），共 510m。

（7）北侧登陆段。70m 混凝土梁，共 770m；62.5m 混凝土梁，共 562.5m。

舟岱大桥混凝土箱梁连续的几段梁组成一个连续梁，连续梁两侧设置伸缩缝，伸缩缝大小根据连续梁的长度分为 80、320、400、480mm 不等。南通航孔桥钢箱梁两侧设置 1280mm 伸缩缝各一处，主通航孔桥钢箱梁两侧设置 1600mm 伸缩缝各一处。整座跨海大桥共设置伸缩缝 78 道，其中 1280mm 伸缩缝 2 道、1600mm 伸缩缝 2 道、480mm 伸缩缝 14 道、400mm 伸缩缝 50 道、320mm 伸缩缝 6 道、80mm 伸缩缝 4 道。

2.3.1 电缆路径

舟山—鱼东 220kV 电缆敷设于舟岱大桥东侧箱梁，电缆在舟岱大桥上敷设长度约为 16.24km。2 回电缆分别沿立柱至 L 型钢平台，至南通航孔桥南侧互联大钢平台，双回并行进入南通航孔桥钢箱梁内部，至南通航孔桥北侧互联大钢平台转出，此后 2 回电缆分开进入 70m 混凝土箱梁内侧 L 型钢平台，延伸约 6km，至主通航孔互联大钢平台汇拢，通过主通航孔桥，再分开进入 70m 混凝土箱梁、北通航孔桥、登陆段 70m 及 62.5m 混凝土箱梁的内侧 L 型钢平台至岱山双合互通附近，通过电缆立柱下桥登陆岱山岛。

2.3.2 电缆敷设方式

结合舟岱大桥自身结构特点，确定为采用箱梁外设钢平台和钢箱梁内敷设两种方式。

1. 采用箱梁外设钢平台

（1）登陆段 62.5m 梁、中间段及登陆段 70m 梁、北通航孔桥段的纯电缆区域，布置方式均主要采用吊挂 L 型钢平台，电缆按水平间距 $1D$ 方式布置。根据所依附桥梁箱体结构的不同在细部尺寸及节点连接等方面略有区别，具体如图 2-10～图 2-12 所示。钢平台电缆布置实景如图 2-13 所示。

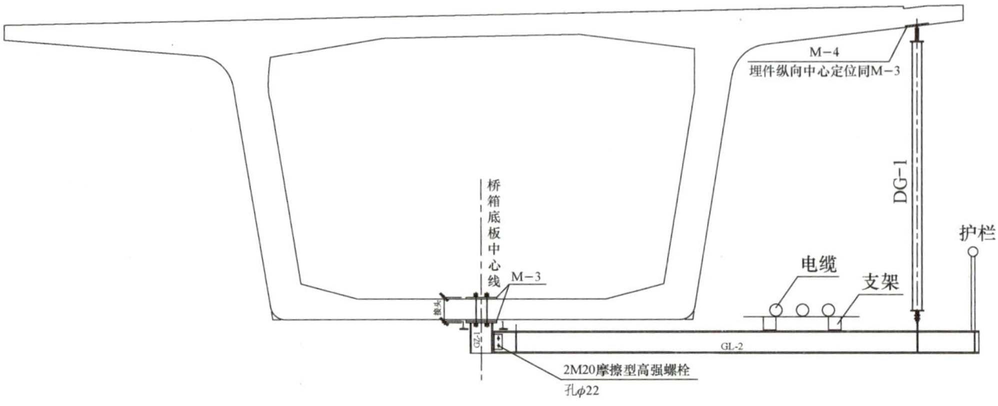

图 2-10 混凝土箱梁段钢平台电缆布置位置示意

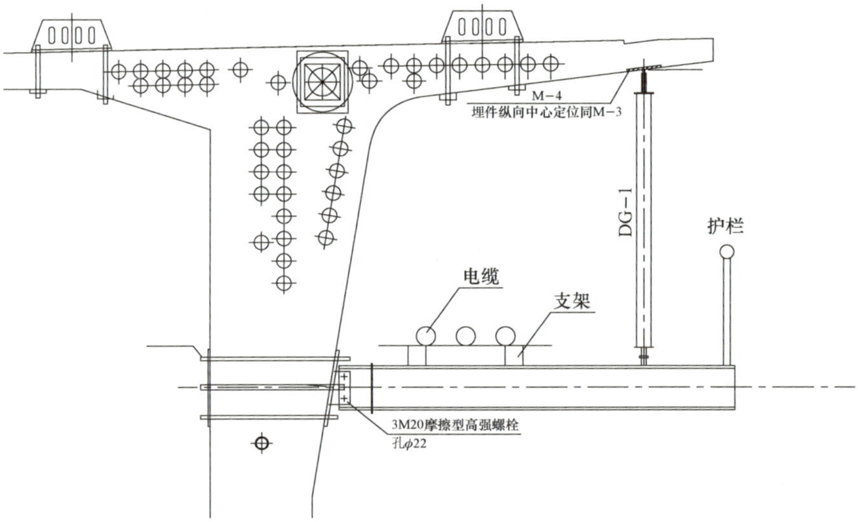

图 2-11 北通航孔桥混凝土梁段钢平台电缆布置位置示意

(2) 根据桥梁不同位置电缆的变形补偿需求，需要加设特定的电缆伸缩补偿装置（OFFSET），根据伸缩缝的量值大小，简单划分为小型伸缩补偿装置（小 OFFSET，对应变形量为 320、400mm 及 480mm）及大型伸缩补偿装置（大 OFFSET，对应变形量为 1280mm 及 1600mm）。其中小 OFFSET 处平台形式也主要为吊挂 L 型，布置位置示意如图 2-14 所示，布置实景如图 2-15 所示；南通航孔桥、主通航孔桥钢箱梁两侧的大

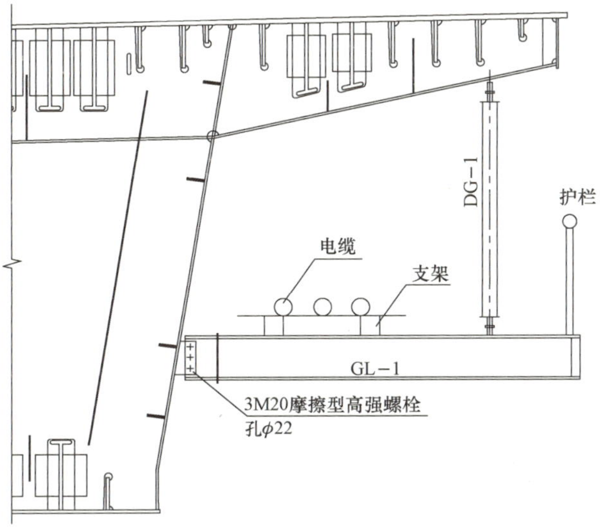

图 2-12 北通航孔桥钢箱梁段钢平台电缆布置位置示意

图 2-13 钢平台电缆布置实景

OFFSET 处采用牛腿预埋支撑式的钢平台，布置位置示意如图 2-16 所示。

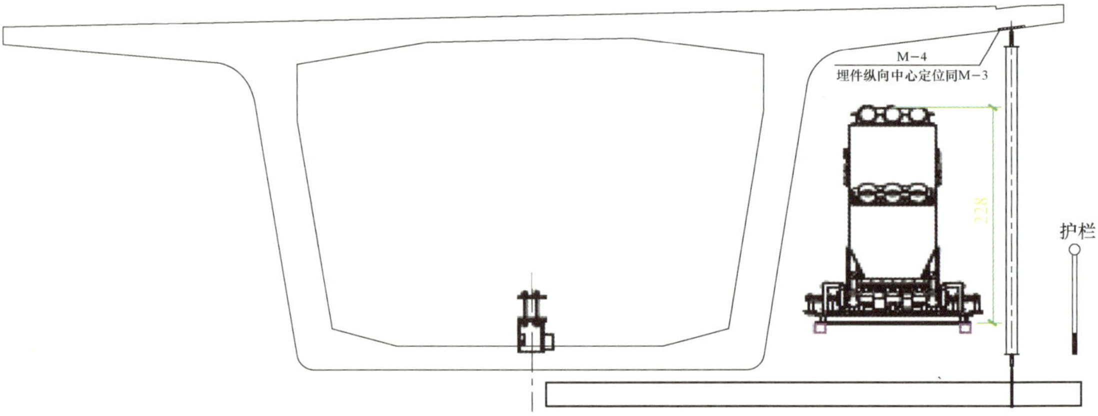

图 2-14　北通航孔桥小 OFFSET 布置位置示意

图 2-15　OFFSET 布置实景

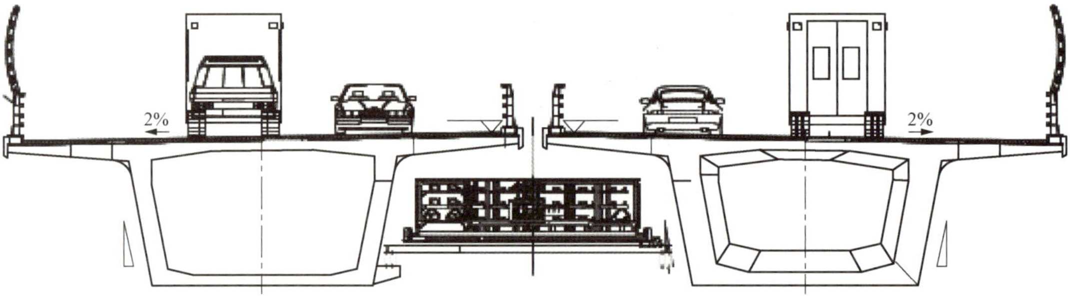

图 2-16　大 OFFSET 布置位置示意

2. 钢箱梁内敷设形式

在南通航孔桥、主通航孔桥钢箱梁横隔板上开 50cm×70cm 的长腰孔，电缆从箱梁内部穿过，呈品字形布置，走线示意如图 2-17 所示。

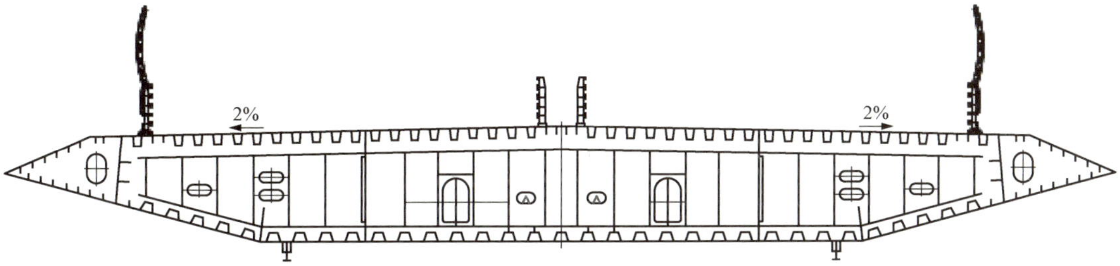

图 2-17 南通航孔、主通航孔钢箱梁电缆走线示意

2.4 舟岱大桥电缆线路钢平台设计

2.4.1 结构设计基本原则

1. 结构设计使用年限

主体结构 50 年（电缆使用年限 40 年）；易于替换的构件（格栅板）25 年。

2. 建筑结构要求

（1）建筑结构安全等级：二级。

（2）建筑结构耐火等级。

3. 钢平台荷载标准值

（1）工艺荷载方面。受桥梁结构现有承载能力限制，各类电缆布设形式下荷载标准值确定是钢平台精细化设计的先决条件。单侧吊挂形式下结构主要荷载在电缆段为电缆自重及接头重量，在小 OFFSET 区段伸缩装置成为控制荷载；在双侧支撑式结构区段，大 OFFSET 重量随着伸缩变形需求不同重量相差较大，并和电缆自重一并成为控制这一区域的荷载组成项。

（2）风荷载方面。钢平台考虑风吸上掀力计算值约为 0.4kN/m^2，小于钢平台向下的设计荷载（约为 2.0kN/m^2），满足要求，实际情况中钢平台设置于两幅桥箱之间，所受风荷载比理论值小。

(3) 施工荷载方面。根据工艺提供的施工荷载，主要作用于桥面，而直接作用在钢平台上的荷载有限，按其分布范围和荷载大小计算作用于钢平台上的施工均布荷载值约为 0.086kN/m^2，设计中已考虑该部分施工荷载。对应桥梁结构的受力安全性，考虑到钢平台施工及后期大范围维护时，相关车辆及大型机械的进场要求，要求封闭相关车道，保证桥梁结构具有足够安全余度。

4. 环境类别

海风盐雾环境。

5. 钢结构要求

(1) 钢结构材料。钢梁、吊柱、系杆、圆钢材质采用 Q235NH 钢。

(2) 钢结构防腐措施。稀土热浸锌低碳钢基材＋石墨烯改性环氧氟碳配套涂装体系。

2.4.2 结构设计形式

根据桥梁结构的分布特点，钢平台按照区域可划分为 3 个区块，分别为南通航孔桥南侧段，南通航孔桥与主通航孔桥之间段，主通航孔桥北侧段。随桥电缆沿桥全区段钢平台结构布置示意如图 2-18 所示。

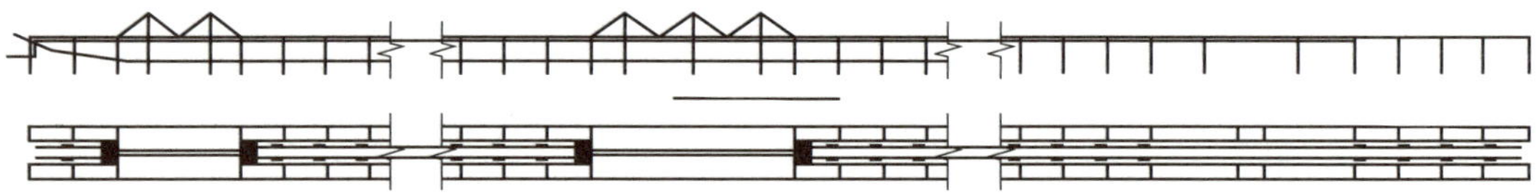

图 2-18 随桥电缆沿桥全区段钢平台结构布置示意

从工艺布置的需求出发，考虑实际施工因素并结合桥梁桥箱的具体形式，随桥电缆钢平台采用了从底部生根的 L 型侧面吊挂形式、从侧面生根的 L 型吊挂形式及支撑于两副桥箱间的平台形式 3 种不同的结构形式。

1. 从底部生根的 L 型侧面吊挂形式

底部生根的 L 型侧面吊挂形式钢平台整体布置剖面如图 2-19 所示。该形式适用于南通航孔桥南侧的 62.5m 桥箱段、南通航孔桥与主通航孔桥之间的 70.0m 桥箱段、主通航孔桥与北通航孔桥之间的 70.0m 长桥箱段及北通航孔桥北面的 62.5m 和 70.0m 桥箱段。

该种吊挂形式结构平面内采用主钢梁、吊杆的连接形式，平面外采用系杆加圆钢的

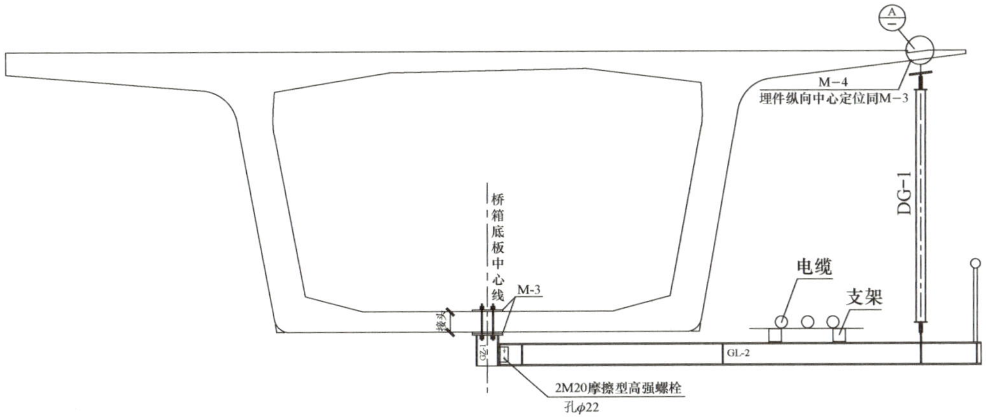

图 2 - 19　底部生根的 L 型侧面吊挂形式钢平台整体布置剖面

水平支撑体系来保证结构的整体性。主钢梁间距基本为 2.55m，局部跨距根据桥梁结构需求略有调整。两端支点采用铰接的形式，一端连接在桥箱底部的短柱，另一端通过吊杆连接在桥箱的翼板上。短柱与吊杆均通过钢板，采用对穿螺栓与桥箱连接。从桥梁箱体底部生根的结构布置形式主要是根据桥梁方反馈的箱梁内预应力钢筋的布置特点，有效避免了箱梁侧面大量不规则预应力钢筋与钢平台结构间的碰撞问题。

该种类型的钢平台自重，折合成每平方米的荷载为 1.3kN/m^2，钢平台上 OFFSET 及电缆等设备荷载折合成每平方米的荷载为 0.66kN/m^2，总荷载值为 1.96kN/m^2，控制在桥梁方面要求的 2.0kN/m^2 限值内。

2. 从侧面生根的 L 型吊挂形式

从侧面生根的 L 型吊挂形式钢平台平面布置于北通航孔桥的桥箱段。钢平台平面内采用主钢梁、吊杆的连接形式，平面外采用次梁加圆钢的水平支撑体系，一方面可以保证结构的整体性，另一方面可以减小格栅板跨度以达到格栅板的设计要求。

北通航孔桥根据桥箱材料类型分为混凝土梁段和钢箱梁段。混凝土桥箱段钢平台整体布置剖面如图 2 - 20 所示，钢箱梁段钢平台整体布置剖面如图 2 - 21 所示，主钢梁一端通过连接板与钢箱梁焊接。

此类北通航孔桥段侧面生根结构钢平台自重，折合成每平方米的荷载为 1.18kN/m^2，钢平台上 OFFSET 及电缆等设备荷载折合成每平方米的荷载为 0.55kN/m^2，总荷载值为 1.73kN/m^2，控制在桥梁方面要求的 2.0kN/m^2 限值内。

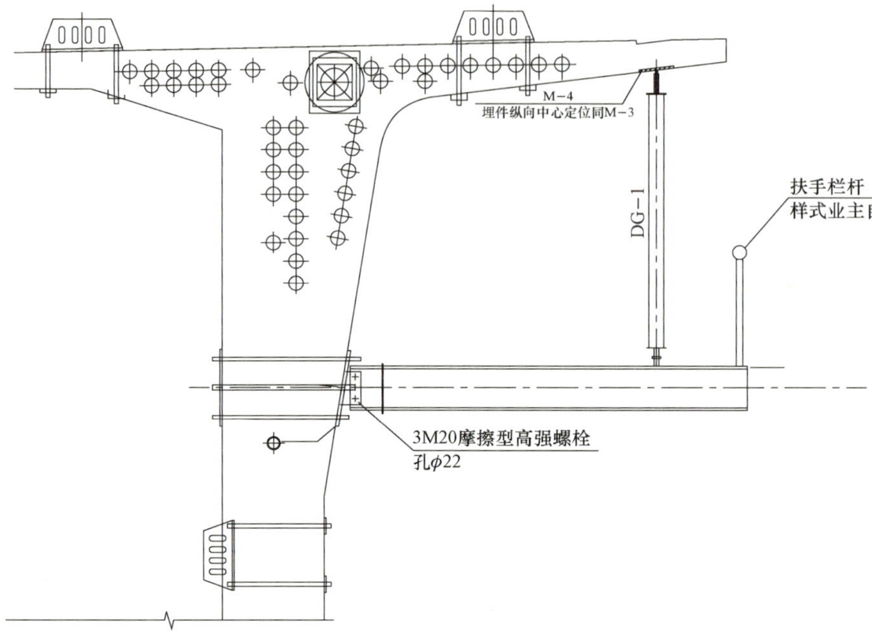

图 2-20　混凝土桥箱段钢平台整体布置剖面（利用现有钢齿坎区段）

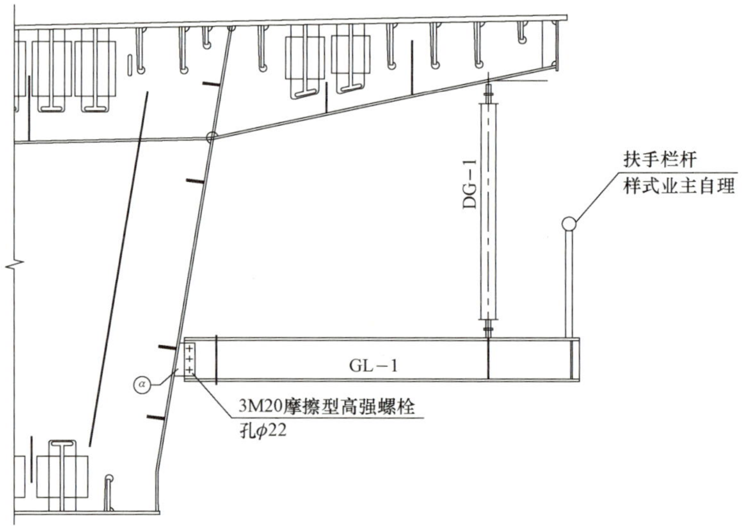

图 2-21　钢箱梁段钢平台整体布置剖面

3. 支撑于两个桥箱间的平台形式

支撑于两个桥箱间的钢平台平面整体结构剖面如图 2-22 所示，该形式适用于南通航孔桥两端、主通航孔桥两端的大 OFFSET 处。

该平台平面内采用主次梁的结构形式，主梁支撑于桥箱两侧预埋的牛腿上，次梁支

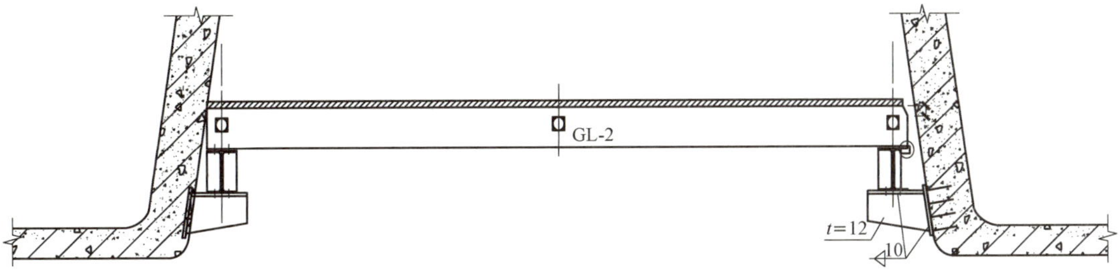

图 2-22　支撑于两副桥箱间的钢平台平面整体结构剖面

撑于主梁上，次梁一端与主梁采用螺栓连接，另一端特别采用了滑动支座的连接方式，用来应对不同桥箱间不同步变形对结构带来的影响。平面外采用系杆加圆钢的支撑体系，这种结构一方面能保证钢平台自身的整体稳定，另一方面消除了桥梁纵横向位移对钢平台产生的不利影响。同时，针对桥梁结构在侧壁大量不规则预应力钢筋密布的特点，结构设计过程中严格根据桥梁设计方提供的施工图纸，通过三维空间检测方式对预埋的节点板做了大量的差异化设计处理，确保施工过程中预埋节点的顺利有效。此类结构形式下，大 OFFSET 处钢平台自重折合成每平方米的荷载为 1.43kN/m^2，钢平台上 OFFSET 及电缆等设备荷载折合成每平方米的荷载为 1.0kN/m^2，总荷载值为 2.43kN/m^2，控制在桥梁方面要求的 2.8kN/m^2限值内满足要求。

2.4.3　细节设计

1. 平台高差设计

钢平台上均需设置格栅板，格栅板可成品采购，次梁布置间距已考虑格栅板的规格，如有需要可增设次梁完成格栅板的铺设。不同类型的钢平台之间存在高差，采用折梁加踏步板的钢梯形式连接，如图 2-23 所示。

2. 杆件可更换性

考虑到钢平台所处沿海腐蚀环境，在对钢结构做好特殊防腐措施的前提下，为了兼顾实际运行过程中局部腐蚀或破损等意外情况，在平台结构设计中，各杆件的连接均以螺栓形式为主，从构造角度保证部分单根构件的可更换性。特别是目前占主要比例的 L 型侧面吊挂形式平台结构中，无论是箱梁底部还是翼缘处的连接节点均采用了螺栓穿孔连接的形式，运行过程中有条件通过从箱梁内部及翼缘上部面板处卸装螺栓的方式实现

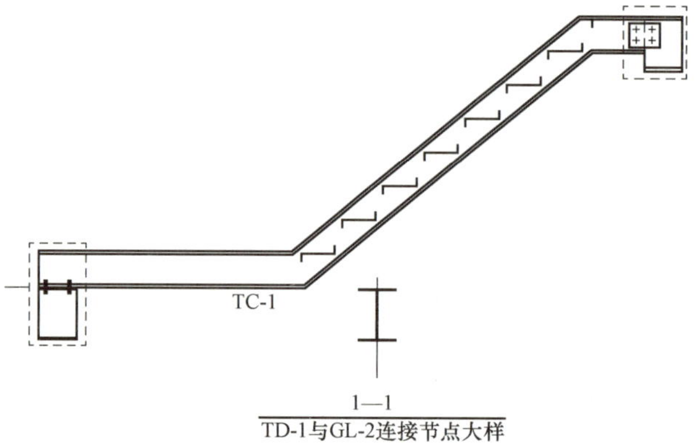

图 2-23　折梁加踏步板的钢梯形式连接

局部钢结构支架的替换。同时，在结构受力上，对常规纯电缆段适当留有荷载余度，确保其中一跨电缆支撑结构需要替换时，相邻两跨结构可以分担相关荷载需求。

3. 钢结构平台的振动适应性

本次设计的各类外挂式钢结构平台附属于桥梁整体结构，会受到桥面车辆等振动荷载的一定影响。根据《钢结构设计标准（附条文说明［另册］）》（GB 50017—2017）的规定，对直接承受动力荷载重复作用的钢结构构件及其连接，当应力变化的循环次数 n 大于或等于 50000 次时需要进行疲劳计算。由于钢平台不直接承受车辆动力荷载，故不需要进行疲劳计算。但考虑到实际的振动环境，通过从优化构造和受力计算两方面来保证钢平台的安全和稳定。包括根据建筑结构荷载规范的要求考虑动力系数，取中间值 1.2 进行荷载放大计算；钢平台与桥梁主体结构均采用铰接连接，减少了桥梁振动的不利影响；采用双螺帽构造对紧固件进行从严防松措施。

2.5　舟岱大桥电缆线路过电压及其保护措施

2.5.1　电缆金属护套接地方式选择

当单芯电缆线芯通过交流电流时，会在金属护套或金属屏蔽层上出现感应电压，根据《电力工程电缆设计标准》（GB 50217—2018）中的要求，交流单芯电缆的金属护套在线路上至少有一点直接接地，且在金属护套上任一点非接地处正常感应电压，应满足以下要求：在未采用能有效防止人员任意接触金属套的安全措施时，不得大于50V。除此以外，不得大于300V。

交流系统单芯电力电缆金属护套接地方式主要有线路一端或中间部位单点直接接地、线路两端直接接地及交叉互联接地。由于采用两端直接接地方式时，电缆金属护套将会出现环流，形成损耗，造成护层发热，从而降低电缆的载流量，加速电缆绝缘老化，因此本工程电缆金属护套采用一端单点接地和交叉互联接地的组合接地方式。

1. 线路一端或中间部位单点直接接地

线路一端或中间部位单点直接接地如图2-24所示。

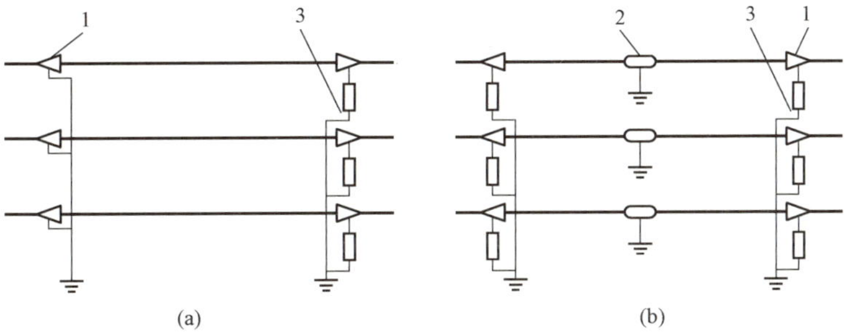

图2-24　线路一端或中间部位单点直接接地

（a）线路一端单点直接接地；（b）线路中央部位单点直接接地

1—电缆终端；2—电缆中间接头；3—护层电压限制器

2. 线路两端直接接地

线路两端直接接地如图2-25所示。

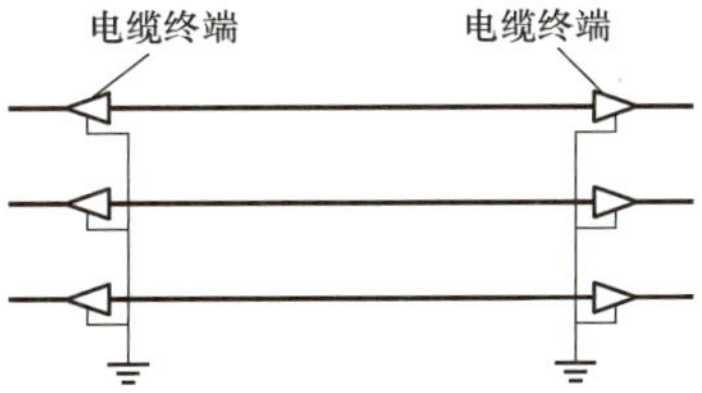

图2-25　线路两端直接接地方式

3. 交叉互联接地

交叉互联接地如图2-26所示。

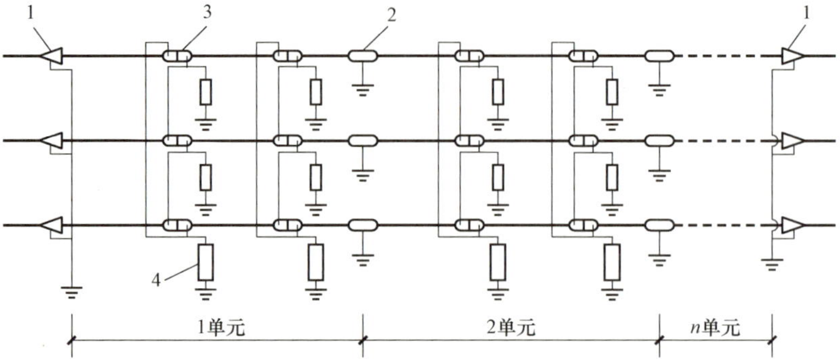

图 2-26　交叉互联接地

1—电缆终端；2—电缆直通接头；3—电缆绝缘接头；4—护层电压限制器

2.5.2　电缆金属外护套感应电压计算及回流线选择

根据舟岱大桥实际情况，工程电缆分 26 段，电缆分段长度最长约为 880m，根据钢箱梁段电缆最大负荷电流 1540A，根据《电力工程电缆设计标准》（GB 50217—2018）的附录 F，两回电缆金属护套在正常运行时的最大感应电压计算为

$$U_A=\frac{I}{2}\sqrt{3Y^2+\left(X_S-\frac{b}{2}\right)^2}$$
$$U_B=I\left(X_S+\frac{a}{2}\right) \tag{2-1}$$

其中，$Y=X_S+a+\frac{b}{2}$，$a=2\omega\ln2\times10^{-4}$，$b=2\omega\ln5\times10^{-4}$。

根据工程实际情况，电缆间距 0.35m，电缆金属层的平均半径为 132mm，电缆最大负荷电流为 1540A。

工程按两回电缆等距直线并列（相序同）考虑时，电缆外护套的感应电压为 85.0V，小于 GB 50217 中 300V 的限值要求。

1. 三相对称短路时电缆金属护套感应电压计算

因为三相短路电流仍是对称的，电缆金属护套感应电压计算方法与正常运行三相平衡负载时相同，只需将公式中的负荷电流换为短路电流（有效值）进行计算，或将负荷电流计算得到的感应电压进行按比例换算。

根据系统提供资料，三相短路时取 27.57kA，考虑 1 回短路，则电缆采用直角三角形排列时，电缆金属护套感应电压为 17.67kV，而 220kV 电缆外护套冲击耐受水平为 47.5kV，满足 GB 50217 中的要求。

2. 单相短路时电缆金属护套感应电压计算

线路发生单相短路，短路电流以大地为回路，电缆金属护套不接地端电压受接地电阻影响。根据工程实践经验，电缆金属护套及电缆金属护层保护器所承受最高电压一般在电网单相接地故障时。舟岱桥梁电缆工程需计算单相短路时电缆金属护套感应电压。

在不考虑回流缆的情况下，单相接地短路电流以大地作为回路，每相小段上的感应过电压为

$$U_S = \left[R + \left(R_g + j2w \times 10^{-4} \times \ln\frac{D}{r_s}\right)l\right]I_d \tag{2-2}$$

式中　R——接地电阻；

R_g——大地电阻；

r_s——电缆金属护套外径；

l——电缆金属护套分段长度；

D——地中电流的穿透深度；

I_d——单相短路电流。

根据系统提供资料，短路电流为 26.7kA 时，考虑一回短路，则电缆采用直角三角形排列时，电缆金属外护套感应电压为 U_S=107.95kV，而选用电缆外护套冲击耐受水平为 47.5kV。工程单相短路时，电缆金属护套不能满足 GB 50217 的要求。所以，工程需增加回流缆，降低电缆外护套的感应电压。经计算，工程增加回流缆后，电缆金属外护套承受的感应电压为 U_S=3.48kV，增加回流缆后满足 GB 50217 要求。

2.5.3　护层保护器的接线方式

1. 护层保护器的接线方式

护层保护器的接线方式常规有 Y 型、D 型和 Y0 型 3 种。

(1) Y 型。电缆护套之间串接两只保护器，正常运行时保护器上的电压只有护套间感应电压的一半，但是保护器动作时，电缆外护层需承受双倍的保护器残压。

(2) D 型。保护器跨接在两根电缆护套之间，正常运行时保护器上的电压为护套间

的感应电压，保护器动作时，电缆外护层承受一只保护器的残压。

（3）Y0 型。保护器跨接在电缆护套和大地之间，正常运行时保护器上的电压为护套的感应电压，其值约为护套间感应电压的 0.866 倍，保护器动作时，电缆外护层只需承受一只保护器的残压。

2. 选择护层保护器时需满足的条件

选择护层保护器时，需要满足以下条件。

（1）保护器通过最大冲击电流时的残压乘 1.4 后，应低于电缆护层绝缘的冲击耐压值。

（2）保护器在最大工频电压作用下能承受 2s 而不损坏。

（3）保护器应能通过最大冲击电流累计 20 次而不损坏。

3. 保护器阀片数量

保护器阀片数量由护层所受工频过电压确定，为

$$m=\frac{U_S}{U'} \tag{2-3}$$

式中 m——保护器阀片数量；

U_S——护层工频过电压值，kV；

U'——一片阀片所能承受的工频电压值，kV。

4. 电缆保护器选择

高压、超高压 XLPE 绝缘电缆，因导体截面大，绝缘厚，均为单芯结构。为节省能源，减少电缆金属护套上的环流损耗，因此在金属护套不接地端配置保护器，以保护电缆外护套，设计时按下列要求选择电缆保护器。

（1）保护器残压应小于电缆外护层绝缘实际耐受外过电压冲击水平 37.5kV，取绝缘配合系数 1.4，则保护器残压应不大于 37.5/1.4=26.8kV。

（2）保护器工频耐压值应大于实际出现的事故短路情况下感应过电压的值，低于国家标准规定的电缆 1min 工频耐压值，即 15.6kV$<U_{工频}<$25kV。

（3）保护器的残工比要求小于 3。

（4）保护器通流能力按 10kA 计。

（5）保护器采用星形中性点接地的接线方式，并优先采用氧化锌阀片的保护器。

5. 护层保护器与电缆护套连接的条件

保护器接地端与接地线连接，并配置保护器动作记录仪。护层保护器与电缆护套连接时，还应具备以下条件。

（1）连接线应尽量短，一般控制在 5m 以内。

（2）接地电缆导体截面选 $240mm^2$ 或 $400mm^2$。

（3）连接线的绝缘水平与电缆护层绝缘水平相同。

（4）保护器应具有动作记录器。

2.6　舟岱大桥电缆形式选择

2.6.1　电缆结构及附件选型

1. 电缆结构及主要参数

选用的电缆为 YJLW02－127/220－1×2500 交联聚乙烯绝缘、皱纹铝护套、聚氯乙烯外护套电力电缆，其主要结构参数见表 2－3。电缆电压等级 220kV，标称截面积 $2500mm^2$，单位重量约 40kg/m。

表 2－3　　电缆主要结构参数

序号	电缆结构	厚度及公差（mm）	外径及公差（mm）
1	导体	60.4	60.4±0.4
2	电缆屏蔽	1.5	65
3	XLPE 绝缘	24.0	114.0±2.0
4	绝缘屏蔽（外半导电层）	1.0	116.0±2.0
5	半导电阻水缓冲带	4.2	124.4
6	皱纹铝护套	3.1	144.8
7	聚氯乙烯外护套	6.0	157.8±2.0
8	挤制半导电层	0.5	

根据调研情况，将对电缆结构进行相关研究，为了更好地适应桥梁敷设条件，可以适当增加缓冲带厚度。

2. 电缆接头要求及分类

（1）电缆接头要求。110kV 及以上交联聚乙烯电缆中间接头主要需达到以下几方面的要求。

1）导体连接，通过压接或焊接，使连接处的导体电阻低而稳定。

2）场强控制，通过电场均匀措施（应力锥）限制附件内的最大场强，同时应力控制部件和绝缘部件是在一起的，通过增强绝缘层恢复主绝缘。

3）接地，中间接头应具有与电缆金属屏蔽层相同的通流能力，防止故障时造成跳闸保护失灵，导致附件甚至电缆烧毁。

4）保护壳，起固定、支撑、密封防水的作用。

（2）电缆接头分类。目前应用的高压 XLPE 电缆中间接头主要有绕包型、模塑型和预制型 3 种。其中预制型又分为分体预制型和整体预制型两种型式。

1）绕包型接头。该种接头型式是在现场用绝缘带包绕。由于绝缘带层间存有气隙和杂质，其形状也不能完全达到设计要求，故设计电场强度较低，接头的尺寸较大，还存在安装环境要求高、现场施工难度高、运行安装后接头可能变形、安装工期较长等问题。其优点是一种接头可替代多种接头，适用于多种型式的电缆，是 110kV 及以下电缆接头事故备品的一种好型式。

2）模塑型接头。该种接头型式是用与电缆本体绝缘同样材料的带材包绕后，再加热成形，使其与电缆绝缘成一整体，其接头尺寸可以小到与电缆本体等直径，其电场分布均为径向，几乎不产生轴向电场。但这类接头对现场的安装环境条件和安装的技术要求更高，安装的时间更长；现场交联受多方面因素的影响（加热温度、加热时间、加热长度和电缆的截面等）且难以控制。

3）组合预制型。组合预制型接头是由置于中间的环氧树脂绝缘筒、位于两端的应力锥和压力元件组成的。当应力锥与电缆绝缘之间及应力锥与环氧树脂绝缘之间具有适当的压强时，就可得到一个理想的场强沿应力锥均匀递减的分布。组合预制型接头应力锥材料（EPDM）具有更优异的耐电晕性能和机械抗撕裂能力，但存在下列缺点：①中间接头采用了大体积的环氧单元，同时在两侧增加了弹簧推压模块，所以整体的制造成本相对于整体预制式接头高；②接头整体重量大，每只接头组装后重量约为 400kg，对接头支架的要求相对较高；③中间接头零部件较多，且存在多个绝缘类型交互面，安装过程相对比较复杂，施工周期较整体预制式接头长。

4）整体预制型。整体预制型接头由硅橡胶或三元乙丙橡胶（EPDM）制成，被广泛应用于220kV及以下电压等级的XLPE电缆。具有下列优点：①电场分布均匀，轴向场强远低于电缆本体的场强；②安装工作简单，安装时间缩短，并且对现场安装条件的要求也较低，只要处理好电缆和接头的界面，就能容易地获得较高的安装质量；③接头的材料具有较好的弹性，膨胀系数接近，因此在温度变化时各部件之间不易发生位移。

3. 电缆接头选型

整体预制型接头是现阶段使用最多、最广泛的接头类型。通过橡胶件作为主绝缘件控制电缆端部的电场不均匀分布，能最大程度地将电气性能质量控制前移。通过橡胶的抱紧力保证橡胶件与电缆之间的界面压力。实践证明，安装工艺技术是影响电缆接头质量的重要一环。而预制式电缆接头则可以将人为因素的影响降低到最小，在工厂生产的接头具备洁净的生产环境，严格的质量检测，稳定的产品品质，现场施工时操作步骤简单，安装维护方便。

由于采用不同的橡胶原材料，故硅橡胶整体预制式接头和EPDM整体预制式接头具有不同的优缺点。因此，对于随桥敷设电缆，增强接头抗震性能，推荐采用运行可靠性高的预制组装型电缆接头，如果采用整体预制型接头，要求采用EPDM接头。

（1）EPDM整体预制式接头。

1）优点：①良好的耐电压能力，EPDM的交流击穿场强可达到43.2kV/mm；②优越的耐电晕能力，相对于硅橡胶而言，EPDM具有更优越的耐电晕；③高的抗撕裂能力和机械性能，EPDM高的回弹力保证了电缆附件在运行过程中橡胶件与电缆之间界面绝缘性能，其足够的抗撕裂能力也能够避免发生类似于硅橡胶产品的开裂情况；④EPDM的基料为聚乙烯和聚丙烯的共聚物，其与电缆使用的交联聚乙烯兼容性能较好，⑤EPDM的硫化剂为DCP，可提高分子量分布集中度。

2）缺点：①产品价格较硅橡胶产品高，主要是由于生产较为困难，设备投入大，生产管理严苛，对生产技术要求高，只有少数大型厂家有能力批量生产；②黏度较硅橡胶高，对于生产设备的要求和生产过程的管控要求严苛；③EPDM为合成橡胶，对于厂家的橡胶配方要求较高，不同厂家的性能差异大；④由于扩张比例较硅橡胶小，现场组装时需要进行扩张操作。

（2）硅橡胶整体预制式接头。

1）优点：①良好的耐电压能力；②良好的弹性回复能力，硅橡胶较柔软，与电缆界面的贴合能力较好；③产品加工性能好，生产方便快捷，设备投入低，生产过程较为简单，产品价格较 EPDM 低；④产品安装方便，施工复杂程度低。

2）缺点：①抗撕裂能力差，很小的裂缝都会导致产品开裂；②与绝缘填充剂存在溶胀现象，可能导致产品事故的发生；③耐电晕能力差，如果产品内部发生较小的放电情况，会快速的导致整个绝缘系统的击穿；④应用于实际的时间短，没有长期运行验证其在电缆附件领域的适应性，特别是在高电压等级的应用并不成熟，曾经出现过高电压的产品运行中批量击穿的情况。

4. 电缆接头布置

根据运行经验及统计结果，电缆故障 80％为接头故障，所以在综合电缆盘长及施工可行性的前提下，适当减少电缆接头数量，能有效降低电缆事故的发生。本工程电缆根据桥梁伸缩缝的设置情况，每回电缆布置 27 个接头区，每个接头区 3 个接头，每个接头重约 250kg，电缆单盘重量约 42t。为了减少大桥振动的影响，电缆中间接头不布置在大桥桥墩附近。

舟岱大桥桥墩布置情况如下：①南侧登陆段（62.5m 梁，共 562.5m），桥墩 N1～N9；②南通航孔桥（钢箱梁，750m），桥墩 NT1～NT6；③中间段混凝土箱梁（70m 梁，共 4970m），桥墩 NZ1～NZ70；④主通航孔桥（钢箱梁，1630m），桥墩 ZT1～ZT7；⑤中间段混凝土箱梁（70m 梁，共 6580m），桥墩 ZB1～ZB93；⑥北通航孔桥（62.5m 梁，共 510m），桥墩 BT1～BT4；⑦北侧登陆段（70m 梁，共 770m；62.5m 梁，共 562.5m），桥墩 B1～B20。

舟岱大桥电缆工程采用单端接地与交叉互联混合接地方式，电缆采用单端接地段，根据金属护套感应电压、施工运输等要求，控制在 900m 以下，电缆采用交叉互联段根据接地环流要求，三段需要尽量做到等长，所以接头位置选择在编号为 N9、NT3、（NZ1、NZ11、NZ21、NZ31）、（NZ40、NZ50、NZ60、NZ70）、ZT4、（ZB1、ZB11、ZB21、ZB31）、ZB41、ZB51、（ZB61、ZB71、ZB81、ZB91）、BT3、B6、B14 的桥墩附近位置，括号内电缆金属护套接地方式为交叉互联接地，3 段均分，其余接地方式为单端接地。

混凝土箱梁段电缆接头布置区均避开桥梁伸缩缝位置，其在钢平台上的布置如图2-27所示。

图2-27　电缆接头在钢平台上的布置

钢箱梁南通航孔桥NT3桥墩、主通航孔桥ZT4桥墩附近分别设置电缆接头，横隔板间距3.2m，每2个横隔板之间设置1相电缆接头。

5. 电缆支架选择

电缆支架除对电缆起固定支持作用外，还需适合环境的耐久性（防腐性能）、承载能力（机械强度），以及敷设光滑、防火等要求。

根据《电力工程电缆设计标准》（GB 50217—2018）中的规定，除支持工作电流大于1500A的交流系统单芯电缆外，宜选用钢制电缆支架，且电缆支架支撑间距不大于3m。

随桥电缆在L型钢平台上设置两根通长的方钢，在其上横向设置长度1.5m的槽钢，槽钢间距1.5m。电缆采用水平蛇形敷设，蛇形节距一般取6～9m，蛇形弧幅取1.5倍的金属护套平均外径。采用单相电缆抱箍固定在槽钢上，钢平台电缆支架布置实景如图2-28所示。

图2-28　钢平台电缆支架布置实景

在钢箱梁段，钢箱梁横隔板间距750～3400mm不等，电缆利用钢箱梁横隔板作为支撑，电缆采用垂直蛇形敷设，蛇形节距根据横隔板间距调整，蛇形弧幅根据电缆抱箍固定在横隔板上的位置调整，钢箱梁横隔板开孔高50cm，电缆抱箍采用高低交错布置，蛇形弧幅取1.0倍的金属护套平均外径，三相电缆成品字形，采用三相电缆抱箍固定在横隔板上。钢箱梁垂直蛇形敷设示意如图 2 - 29 所示。

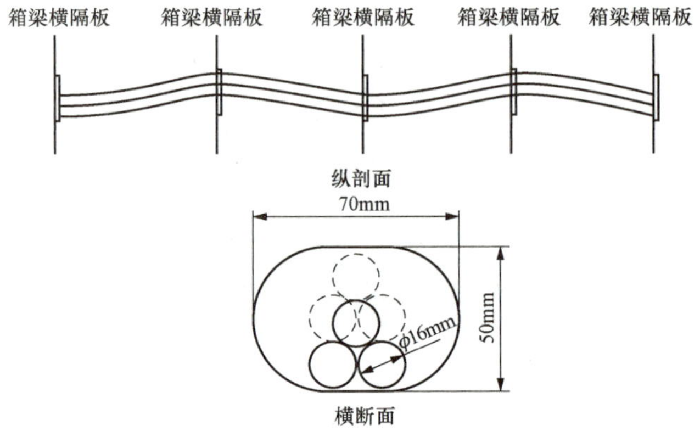

图 2 - 29 钢箱梁垂直蛇形敷设示意

2.6.2 电缆输送能力分析

电缆在输送电流的过程中，因导体自身材料电阻等原因产生热量，电缆本身温度不断上升，并且不断向周围环境散发热量，当电缆达到最高允许工作温度并处于稳定状态，此时对应的电流为电缆最大载流量。电缆由于敷设方式不同，电缆发热、向周围散热的情况差别较大，需要对舟岱大桥登陆段电缆沟、钢平台、钢 2 箱梁等几种敷设条件作相应计算分析。

(1) 长期容许电流 I_n (A)。依 IEC 60287 中的公式计算，为

$$I_n=\sqrt{\frac{t_c-t_e-W_d\left(\frac{R_1}{2}+R_2+R_3+R_4\right)}{R_{ac}[R_1+(1+P_s)R_2+(1+P_s+P_{oc})R_3+(1+P_s+P_{oc}+P_a)R_4]}} \tag{2-4}$$

式中 t_c——导体最高允许温度,℃；

t_e——最高环境温度,℃；

W_d——导体绝缘单位长度的介质损耗，W/m；

R_{ac}——最高工作温度下导体单位长度交流电阻，Ω/m；

P_s、P_{oc}、P_a——分别为电缆金属护套损耗、电缆铠装损耗、电缆外壳钢丝保护层损耗相对于该电缆所有导体总损耗的比率；

R_1～R_4——分别为电缆绝缘层、金属套和铠装间衬垫层、电缆外护层、电缆表面的周围介质间单位长度热阻，K·m/W。

（2）电缆主要敷设断面。主要包括登陆段电缆沟、钢平台及钢箱梁等 3 种典型的敷设断面形式，具体结构如图 2-30～图 2-32 所示。

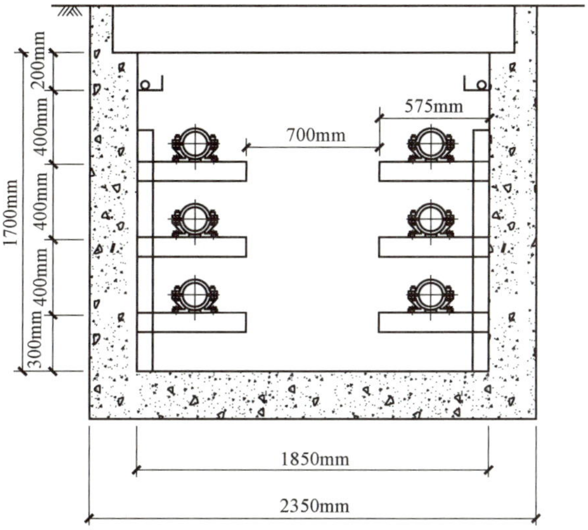

图 2-30　登陆段电缆沟断面

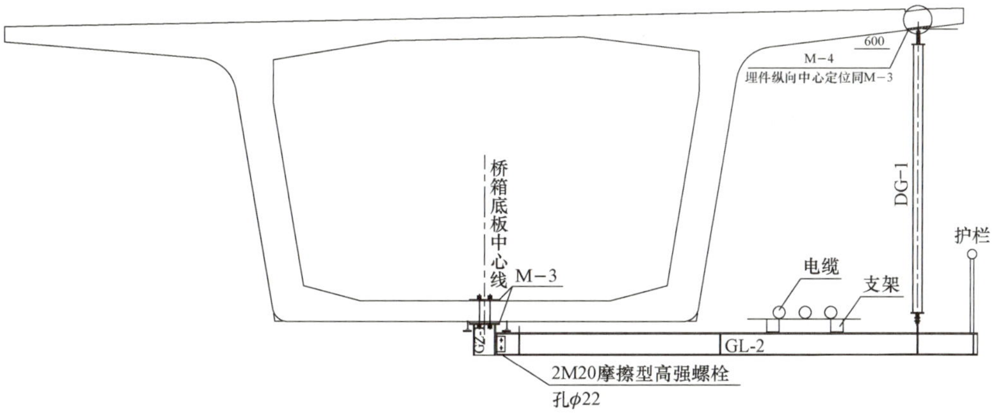

图 2-31　吊挂 L 型钢平台电缆敷设断面

电缆线路在运行中，电缆本体由于自身阻抗，本身是一个发热体持续向外发散热量，根据导体发热原理可知，当导体电流越大，发热量越大。舟岱大桥上的电缆采用交联聚乙烯电力电缆，根据相关规定，电缆长期运行导体允许的最高温度 90℃。电缆本体发热同时对周围环境散热，在电缆导体温度 90℃达到热平衡状态，此时导体中输送电流即为长期运行最大输送电流。电缆周围环境的环境温度及散热条件是影响电缆载流量的重要原因。

图 2-32　钢箱梁电缆敷设断面

1. 电缆环境温度取值标准

电缆线路敷设完成后，电缆本体的物理特性、敷设环境基本不会改变，但电缆周围的温度是一个随时间变化的动态值，《电力工程电缆设计标准》（GB 50217—2018）中规定了环境温度的取值要求：电缆持续允许载流量的环境温度应按使用地区的气象温度多年平均值确定，并应符合表 3.6.5 的规定。

对于钢箱梁敷设段，电缆敷设环境较为特殊，采用上述规定，容易与电缆实际运行工况之间产生偏差。为了合理计算电缆载流量，需要对环境数据进行实地测量取值，并通过软件建模来进行仿真计算。

2. 相关资料的收集

舟岱大桥随桥电缆，由于舟岱大桥目前仍处于建设中，现场环境温度取值暂时无法实现。需要通过收集相类似的桥梁运维资料、气象资料来推导模型的建立。

目前主要的资料来源是舟山跨海大桥中的西侯门大桥。西侯门大桥位于金塘岛和册子岛之间，舟岱大桥位于舟山本岛和岱山岛之间，两座大桥均位于舟山西部，同属于跨海大桥，南北仅相差约 20km，可以认为这两座桥是处于相同的海洋大气环境中。

舟岱大桥与西侯门大桥按高速公路标准，同为双向 4 车道设计，钢箱梁形状尺寸基本相同，可以认为在相同的大气环境下，钢箱梁内的温度基本相同。

舟岱大桥与西侯门大桥钢箱梁断面分别如图 2-33 和图 2-34 所示。

建立了 1600、2000、2500mm^2 截面的 220kV 电缆模型，在各类敷设方式下电缆输送容量限值见表 2-4。

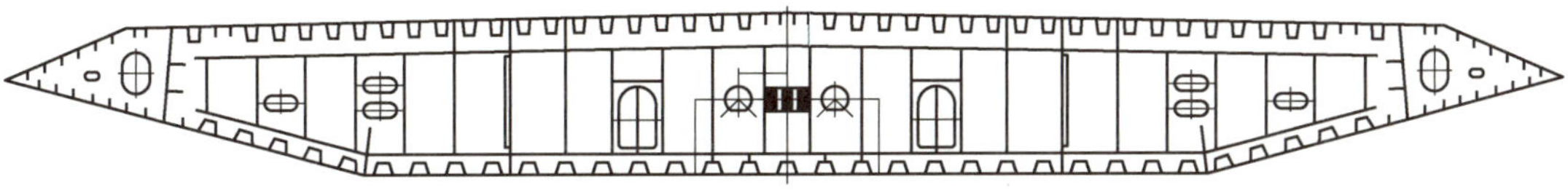

图 2-33 舟岱大桥钢箱梁断面

图 2-34 西侯门大桥钢箱梁断面

表 2-4 各类敷设方式下电缆输送容量限值（A）

电缆截面（mm^2）	电缆沟敷设（双回品字型）	电缆沟敷设（单回品字型）	钢平台敷设（三根水平排列）	钢箱梁内敷设（品字型）
1600	1336	1384	1854	1327
2000	1464	1517	2138	1474
2500	1552	1622	2395	1540

通过电缆载流量分析可知，舟岱大桥上的电缆在登陆段电缆沟（调整电缆沟断面，敷设方式按单回品字型敷设）及大部分钢平台上，环境温度在40℃时电缆输送容量可以达到550MW以上。电缆在钢箱梁内敷设时，环境温度达48.5℃，是整个随桥电缆中输送容量受到限制最大的部分。在钢箱梁段采用电缆导体截面为2500mm^2交联聚乙烯电缆，载流量可以达到1540A，输送容量约为528MW。由于舟岱大桥长度大，电缆线路扩容困难，推荐采用截面为2500mm^2单芯交联聚乙烯电缆。

通过分析模拟得到，当电缆达到最大输送容量1540A时，钢箱梁内部环境温度将达到62.3℃。由于选用的电缆已达到目前国内电缆的最大截面，如果需要提升电缆载流量，那么需要对电缆沟断面重新考虑。在钢箱梁段，空间已经确定，建议在钢箱梁中间增加独立的密闭管道，通过通风或者冷却液循环等附加措施来散发电缆本体发热产生的热量。

2.6.3 接地装置

中间接头以及户外终端的接地箱均与接地装置相连，接地电阻要求不大于 1Ω。两端通过回流缆连接。

电缆护套接地时由接地电缆接入接地箱。接地电缆的选择应满足线路短路时流过接地缆的热稳定要求，同时绝缘水平应和电缆外护套绝缘水平相匹配。

为降低线路单相短路时电缆护套的感应电压以及抑制电缆对弱电线路的电气干扰，电缆外护套单端接地单元两端采用回流缆平行敷设。回流缆的截面和接地缆匹配，回流缆的绝缘水平不做要求。

接地电缆和回流缆截面 S 的计算为

$$S \geqslant \frac{\sqrt{Q}}{C} \times 10^2 \tag{2-5}$$

式中 S——回流缆、接地电缆导体截面，mm^2。

$$\frac{1}{\eta}\sqrt{\frac{Jq}{\alpha K \rho}\ln\frac{1+\alpha(\theta_m-20)}{1+\alpha(\theta_H-20)}} \tag{2-6}$$

式中 J——热功当量，取 1；

q——电缆导体的单位体积热容量，铝芯取 2.48，铜芯取 3.4，$J/cm^3℃$；

θ_m——短路作用时间内电缆导体允许最高温度，取 250，℃；

θ_H——电缆额定负荷下的导体允许最高温度，取 90，℃；

α——20℃时电缆导体的电阻温度系数，铜芯为 0.00393、铝芯为 0.00403，1/℃；

ρ——20℃时电缆导体的电阻系数，铜芯为 0.0184×10^{-4}、铝芯为 0.031×10^{-4}，$\Omega cm^2/cm$；

η——计入电缆导体填充物热容影响的校正系数，可取 1；

K——电缆导体的交流电阻与直流电阻之比值，可取 1.02。

$$Q = I^2 t \tag{2-7}$$

式中 I——系统短路电流，A；

t——系统短路持续时间，s。

根据工程系统资料，工程短路电流为 26.7kA，短路持续时间为 1s，由式（2-6）计

算可得 $C=13708.5$，由式（2-5）可得截面 S 不小于 318mm²，为保证系统短路时的安全，接地电缆和回流缆截面可取 400mm²。

根据《城市电力电缆线路设计技术规定》（DL/T 5221—2016）中 5.1.2 条的规定，本工程电缆外护套雷电冲击耐受水平为 47.5kV，推荐接地电缆选用 YJV-8.7/15 1×400，回流缆选用 VV-0.6/1-1×400。

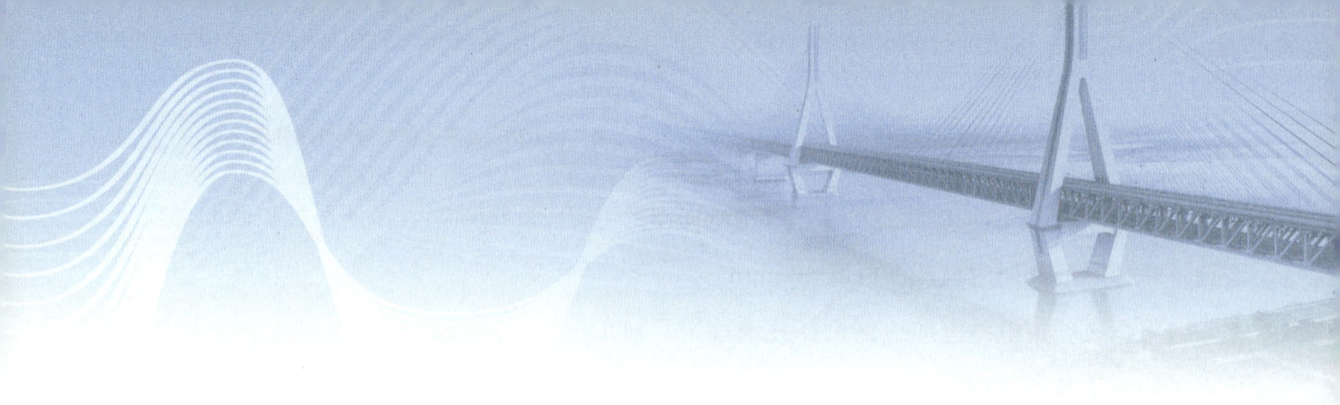

第3章 桥梁敷设电缆的伸缩补偿

3.1 电缆伸缩补偿

桥梁上敷设的电缆伸缩包含两方面内容：①电缆线路运行后由于输送电流导致电缆温度上升而产生的热伸缩；②桥梁本身的热胀冷缩等因素对敷设其上的电缆带来的伸缩。

电缆的热伸缩是电力电缆因负载变动带来导体温度变化引起的。为了避免电缆热伸缩引起对电缆本身的损伤，可以采取下列方式以防止电缆位移而损坏：①电缆线芯采用分割导体、电缆金属护套采用铝护套；②在设计及施工中对电缆采取蛇形敷设；③在终端支架处、电缆中间接头的两侧等处对电缆采取刚性固定；④在竖井顶端对电缆采取挠性固定等。

桥梁本体的伸缩主要集中在桥梁的伸缩缝处以及桥梁两端上下桥位置，在这些地方桥梁的伸缩变化远大于电缆本体产生的热伸缩，电缆可只考虑桥梁伸缩的影响，并采用电缆伸缩装置对电缆的伸缩变化进行吸收和补偿。

3.1.1 水平蛇形敷设

水平蛇形弧形设计需根据电缆占用空间、施工方便、轴向力等条件选择，蛇形节距一般取6～9m，蛇形弧幅取1.5～2倍的金属护套平均外径。对于特殊敷设条件（如大桥）往往需要根据实际条件来选择，蛇形弧的选择与电缆截面无关。

3.1.2　垂直蛇形敷设

因垂直蛇形敷设的摩擦力与水平蛇形摩擦力不同，故垂直蛇形敷设的摩擦力受两个支持点之间电缆自重的影响较大。在蛇形末端，与水平蛇形末端相同，装设约束型夹具；要在两个蛇形弧顶把电缆固定于支架上，为防止点动力作用使电缆滑落，要用绳索把电缆扎紧在支架上。如果与贴邻的蛇形弧不相等，当电缆温度变化时就会使电缆向轴向力小的一方滑移，但通过几个循环后就趋向平衡。为了维持蛇形弧形，有时候也可以在几个节距中选择一点，装设约束性夹具。

3.1.3　垂直和水平蛇形敷设的比较

1. 垂直蛇形敷设的优势

垂直蛇形敷设一般采用 5m 以上的蛇形节距，即每 5m 需布置一个支持点，与水平蛇形敷设相比可以大大减少支撑的支架数量，从而节约工程投资。

水平蛇形敷设蛇形段需搁置在支架上，当电缆发生热伸缩时电缆表面将与支架横担产生移动摩擦；而垂直蛇形敷设在支持点之间，电缆自然下垂，避免了这个问题。

采用垂直蛇形敷设利用的是敷设通道的高度，水平蛇形敷设利用的是敷设通道的宽度，在城市建设中隧道等断面受到限制的通常是其经过路径占地宽度，因此垂直蛇形敷设往往能更合理地利用敷设通道内部空间。

水平蛇形敷设施工时需使用电缆校直机布置蛇形，而垂直蛇形敷设的施工方式是利用电缆自重形成蛇形段，在安装工艺上比较简单。

2. 水平蛇形敷设的优势

垂直蛇形的两个支持点间无法取第三个支持点，因此电缆支架的间距与蛇形形状是相等的，为满足电缆自重及短路动稳定要求，必须加大支架本身的强度要求；另外，在存在振动的场合，支架间距大可能会造成电缆与振动源谐振，加大了电缆金属护套破坏的可能性。

水平蛇形的支架布置一般在 1.5～2m 间距，比垂直蛇形小一半，电缆的重量能比较平均地分配在各个支架上，对单根支架及横担的受力要求较低。垂直蛇形因占用了通道的竖向布置空间，因此一般单侧若有一回路采用垂直蛇形敷设，则该侧所有电缆都应使用垂直蛇形敷设，而水平蛇形相对较为灵活。在大桥上，受到桥梁振动的影响，电缆支架的间距不宜太大，因此在桥上电缆一般均采用水平蛇形布置。

3.2 应对大桥伸缩的电缆敷设措施

桥梁上敷设电缆工程的最大技术难点在于须有效地解决桥面对接处因温度、负载、风力等因素变化引起的缝隙变化。这些周期性变化，会导致敷设在两桥端间的电缆频繁伸长和压缩。对于跨海桥梁而言，多数主航道上的大跨度斜拉桥、吊桥桥面端部产生的伸缩量会超过 1m。要补偿如此大的伸缩量，常规意义上的电缆伸缩弯曲远不能满足这么大的变形需要。通常利用电缆 OFFSET 装置，才能很好地解决这一工程难题。

3.2.1 桥梁变形

桥梁变形归纳起来可分为两类：①混凝土或钢材料受力变形，包括荷载弹性变形、徐变变形及温差引起的变形；②体积变形，是指混凝土或钢材料温度变形、湿度变形及自身体积变形等。

对桥梁施加载荷时，桥梁产生挠曲变形，梁的两侧或单侧产生伸缩，其形变示意如图 3-1 所示。在桥梁端部产生的倾斜角 θ 就是折角。折角产生在垂直、水平方向，在小型的桥梁上几乎是没有问题的，但对于长大桥梁，折角的影响是不能忽视。因伸缩、折角的大小由桥梁所决定，因此在设计时需要向桥梁设计部门确认各桥梁的伸缩量和最大挠曲变形。

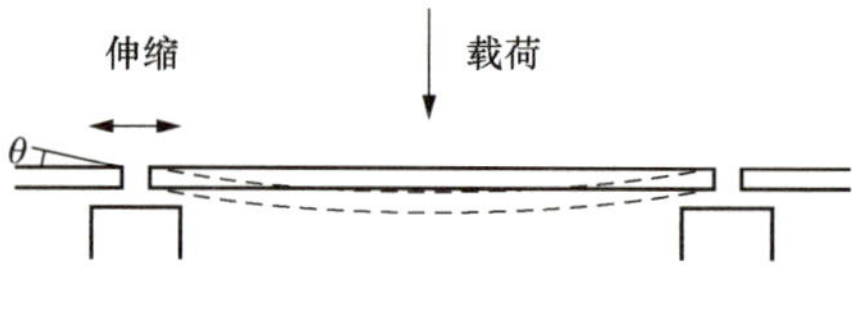

图 3-1 桥梁施加载荷时形变示意

3.2.2 不采取伸缩吸收产生的后果

伸缩将导致电缆拱起或受到过大的张力，由于电缆弯曲变形不受控制且不断反复弯曲变形，将引起电缆金属护套疲劳开裂、电缆导体拉断、电缆绝缘受损、电缆接头移位等现象，最终降低了电缆寿命。桥梁伸缩影响逻辑示意如图 3-2 所示。

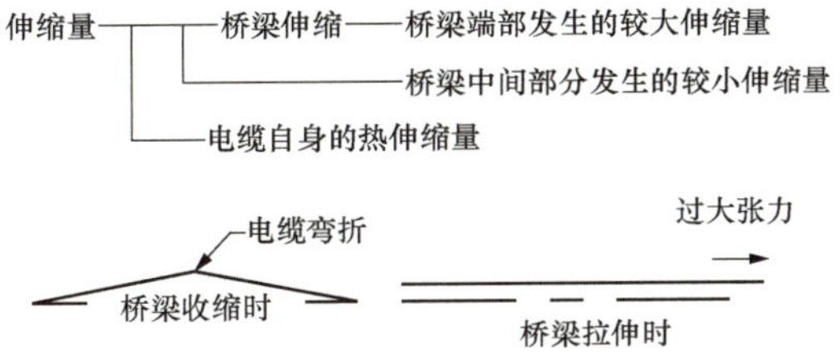

图 3-2　桥梁伸缩影响逻辑示意

桥梁伸长时，在桥的两侧，通过伸缩装置吸收电缆的伸缩量是行之有效的方法。如果不对电缆的伸缩量进行吸收和补偿，在桥梁产生收缩时，由于电缆的极度弯曲造成弯折，或在桥梁产生拉伸时，将对电缆产生过大的张力，这种状态多次反复发生的结果，将导致电缆的绝缘击穿，甚至造成电缆断裂。桥梁伸缩对电缆的影响示意如图 3-3 所示。

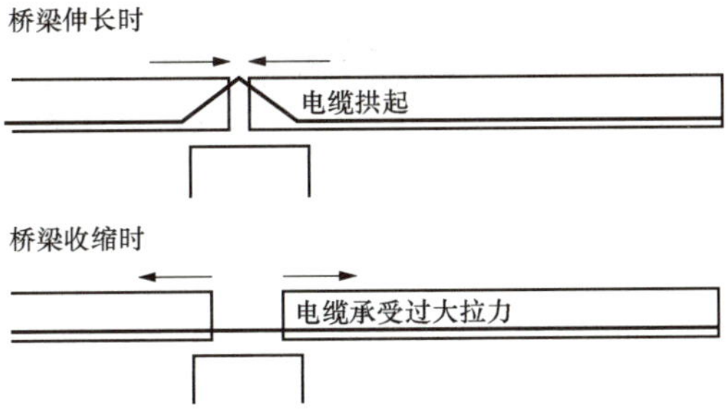

图 3-3　桥梁伸缩对电缆的影响示意

3.3　伸缩补偿装置（OFFSET）理论设计

3.3.1　桥梁电缆线路的机械特性及伸缩补偿

桥面对接处因温度、负载、风力等因素变化引起的周期性变化会导致敷设在两桥端间的电缆频繁伸长和压缩，桥梁位移的传递特性如图 3-4 所示。多数主航道上的大跨度斜拉桥、吊桥桥面端部产生的伸缩量会超过 1m。补偿如此大的伸缩位移量，在陆缆上采用的电缆伸缩弯曲远不能满足这么大的变形需要，一般也会采用 OFFSET 装置解决这一工程难题。

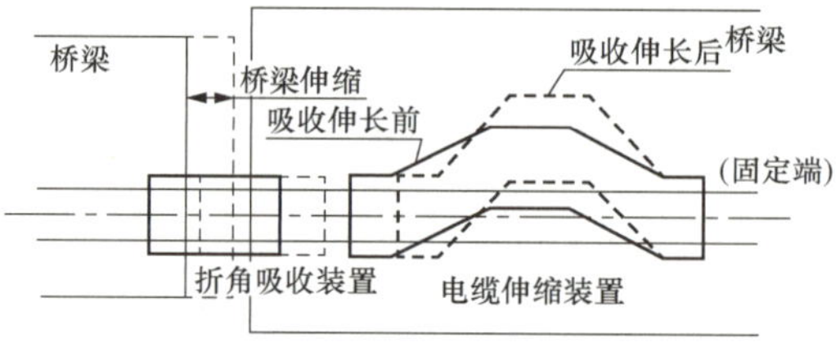

图 3-4　桥梁位移的传递特性

根据桥面类型、长度、构成材质的不同，实际过程中每跨桥面端部的伸缩量也大不相同。典型桁架结构 OFFSET 如图 3-5 所示，其采用多点拟合电缆的伸缩变化，主要通过连杆系统实现桁架主体伸缩变化，并通过平面滑块实现电缆局部的不确定移动变化，补偿过程如图 3-6 所示。

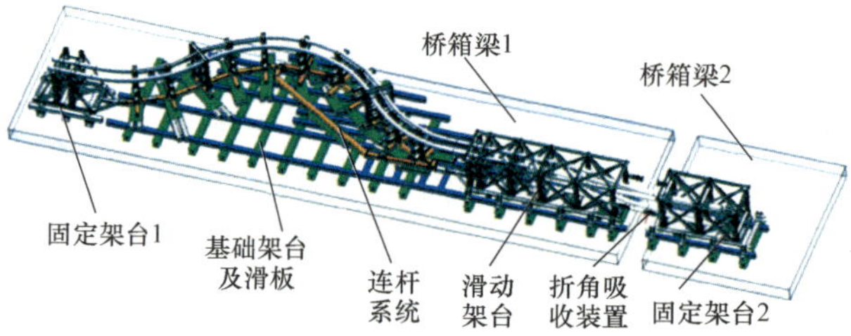

图 3-5　典型桁架结构 OFFSET

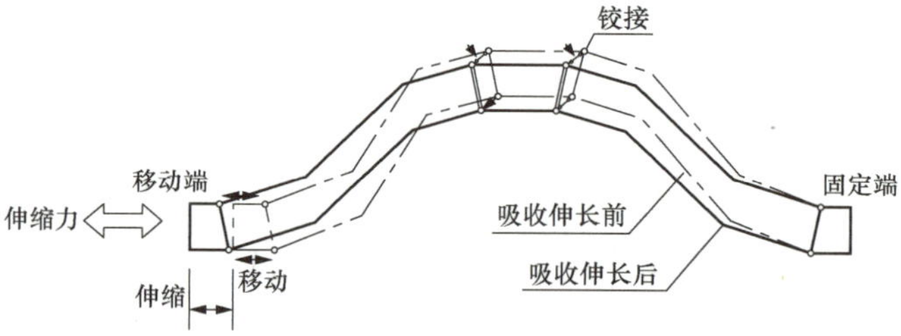

图 3-6　桁架结构 OFFSET 补偿过程

（1）当活动桥面收缩时，固定在其上的电缆框架随桥面缩进的同时，拉动折角机构右移。由于折角机构受拉、受压是刚性的，它会拖动安装在毗邻固定桥面上的滑动电缆框架。通过均分连杆机构，滑动电缆框架拉动固定在弧形电缆移动。

（2）当活动桥面收缩时，弧形电缆弯曲半径增大，弧弦拉长，伸长量等于动桥面的收缩量。当活动桥面伸长时，弧形电缆弯曲半径减小，弧弦变短，缩进量等于动桥面的伸长量。

（3）当任意桥面弯曲时，折角机构上下转动，弯折力消失，不会向两端电缆框架传递。当两桥端错位时，折角机构水平转动，弯折力也不会向两端电缆框架传递。整个过程中，桥面变形力通过电缆框架、连杆等，均匀分散地作用在电缆弧的数个特定点上。电缆的弧线段，几乎不承受拉力和挤压力。电缆全弧线仅作受限、均匀、在控的弯曲变形。

3.3.2 初期 OFFSET 尺寸

实现伸缩的吸收需满足3个条件：①收缩时电缆的最小弯曲半径是在容许弯曲半径以上；②铝护套的疲劳应变需满足日间变化 $\varepsilon_i \leqslant 0.3\%$；③为了使电缆在30年期间，即使发生反复的伸缩，也能保持铝护套的完好性，即其累积疲劳破坏系数（$\Sigma n/N$）在0.5以下，以此来决定 OFFSET 的尺寸（$\Sigma n/N=1$ 时，铝护套断裂）。

弯曲半径的尺寸，可以根据电缆的条件决定。根据此弯曲半径，再考虑 OFFSET 设置场所空间的制约条件，决定 OFFSET 的尺寸。在宽度方向有限制时，首先确定 OFFSET 宽度的目标值，再求 OFFSET 的长度；而在长度方向有限制时，首先确定 OFFSET 长的目标值，再求 OFFSET 的宽度。OFFSET 初始设计原理如图3-7所示。

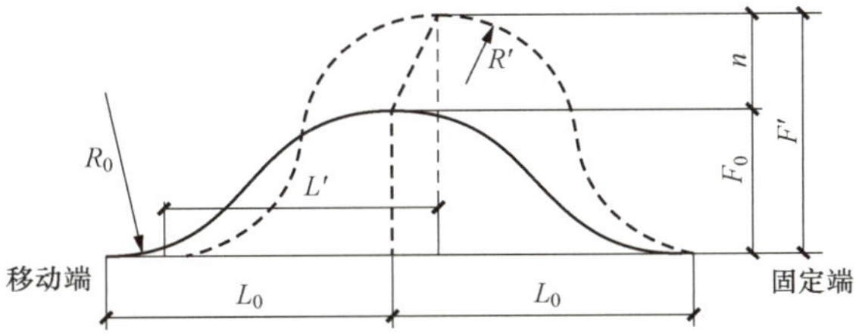

图3-7 OFFSET 初始设计原理

OFFSET 设计及金属套长期应力疲劳特性分析如下。

初期弯曲半径为

$$R_0 = \frac{L_0^2 + F_0^2}{4F_0} \tag{3-1}$$

式中 L_0——初期 OFFSET 半节距；

F_0——初期 OFFSET 幅宽。

伸缩后弯曲半径为

$$R' = \frac{F'^2 + L'^2}{4F'^2_0} = \frac{F'^2 + (L-m)'^2}{4F'^2_0} \quad (3-2)$$

式中 F'——伸缩后 OFFSET 幅宽；

L'——伸缩后 OFFSET 半节距；

m——伸缩量的一半。

伸缩后 OFFSET 幅宽为

$$F' = F_0 + n = \sqrt{F_0^2 + 0.77m(2L_0 - m)} \quad (3-3)$$

式（3-3）可用来判断空间是否够用。

铝护套疲劳应变为

$$\varepsilon_i = \frac{2D_s m}{L_0^2 + F_0^2} \cdot \frac{L_0}{F_0} \quad (3-4)$$

日间变化需满足$\varepsilon_i \leqslant 0.3\%$，此时$R' \geqslant 20D_s$。

铝护套破裂时伸缩次数为

$$N_i = \left(\frac{0.031925}{\varepsilon_i}\right)^{3.84} \quad (3-5)$$

铝护套累计疲劳法则需满足式（3-6），此时铝护套在30年内不会断裂，即

$$\sum \frac{n_i}{N_i} \leqslant 0.5 \quad (3-6)$$

式中 n_i——30年伸缩次数。

通常，先利用式（3-1）～式（3-5）算出各个尺寸，再决定滑动板位置尺寸，最终验证是否满足式（3-6）。

OFFSET 折角机构如图3-8所示，该机构利用折角部分保护电缆敷设用的框架，即在折角部连接上销。此结构对于垂直、水平方向的折角可自由旋转，但对于扭曲及伸缩则为刚性体，对内部通过的电缆可以防止除折角以外其他变形力的施加。

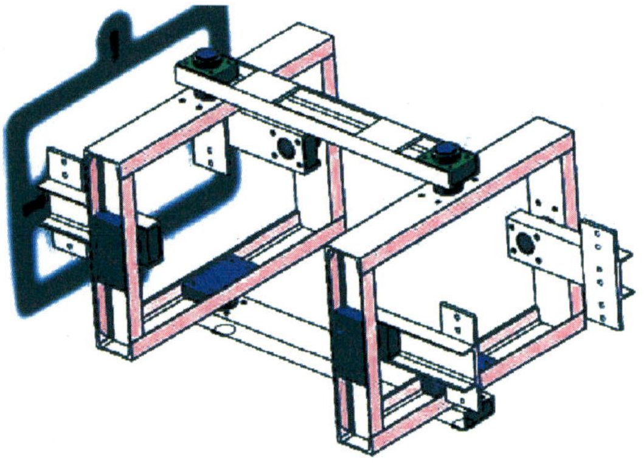

图3-8 OFFSET 折角机构示意

3.4　舟岱大桥电缆 OFFSET 装置整体设计方案

3.4.1　基本构成

某段相邻两个桥面分别标记为移动桥面和固定桥面，以折角机构为界，将电缆 OFFSET 装置分为两部分。OFFSET 装置的左半部分称作固定端，安装在一个固定桥面上。右半部分称作移动端，安装在相邻的固定桥面上。电缆是通过专用的夹具固定在固定端、折角机构和移动端的框架机构上。框架随桥梁的伸缩变化，带动框架机构移动变形，电缆按设计轨迹变化，具体如图 3 - 9 所示。

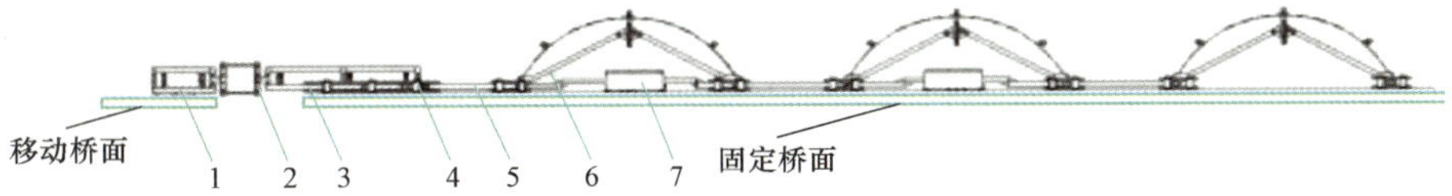

图 3 - 9　OFFSET 装置机构

1—固定架；2—折角机构；3—移动架；4—移动支座轮组；
5—辅助连杆机构；6—单拱机构；7—等分差动机构

工作过程中，当移动桥面在温差影响下向固定桥面伸长时，固定在移动桥面上的固定架同时向固定桥面右移。由于折角机构受拉、受压都是刚性的，它推动移动架在移动支座轮组上移动，从而使单拱机构上的不锈钢板发生形变，带动固定在钢板上的电缆按钢板轨迹进行移动。在等分差动机构的作用下，使得 3 个单拱机构同时进行均匀形变。当桥面进行伸长时，3 个固定在单拱机构不锈钢板上的弧形电缆半径变小，电缆弧形弦长缩短，缩短量等于活动桥面伸长量。当桥面进行收缩时，3 个固定在单拱机构不锈钢板上的弧形电缆半径变大，电缆弧形弦长变长，变长量等于活动桥面收缩量。当任意桥面弯曲时，折角机构上下转动，弯折力消失，不会向两端电缆框架传动。当两桥端错位时，折角机构水平转动，弯折力也不会向两端电缆框架传递。这个过程中，桥面变形力通过折角机构、移动架、单拱机构以及等分差动机构等均匀地分散在几个特定点上。电缆弧形段几乎不承受拉力和挤压力，整个弧形电缆仅受均匀、受控的弯曲变形。

3.4.2 OFFSET 设计

1. OFFSET 电缆弧形设计

为了让电缆能够均匀应变，整个 OFFSET 内的电缆弧形均采用圆弧过渡。圆弧的半径 R 需要满足电缆最小弯曲半径，即满足 $R \geqslant 20D$，D 为所敷设电缆的直径，本项目中采用的电缆为 YJLW03 127/220 1×2500，该电缆直径 $D=160$mm，故 $R=20\times160$mm $=3200$mm。

将 OFFSET 装置进行模块化设计，以满足适用各种系列的伸缩缝使用，采用多个单拱伸缩变化 160mm 的 OFFSET 装置可实现整体伸缩变化 480mm。以 OFFSET - 160X3 装置进行研究，随桥电缆最小、中间、最大伸缩状态轨迹分别如图 3 - 10～图 3 - 12 所示。

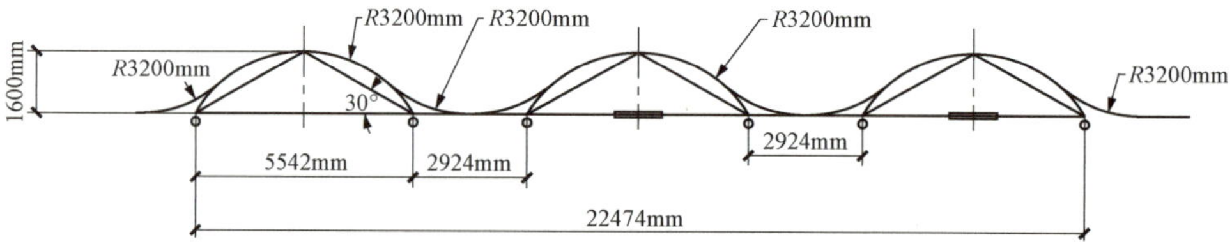

图 3 - 10　最小伸缩状态轨迹

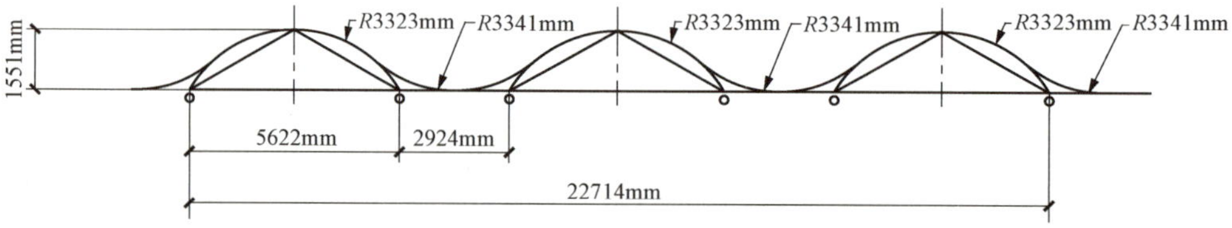

图 3 - 11　中间伸缩状态轨迹

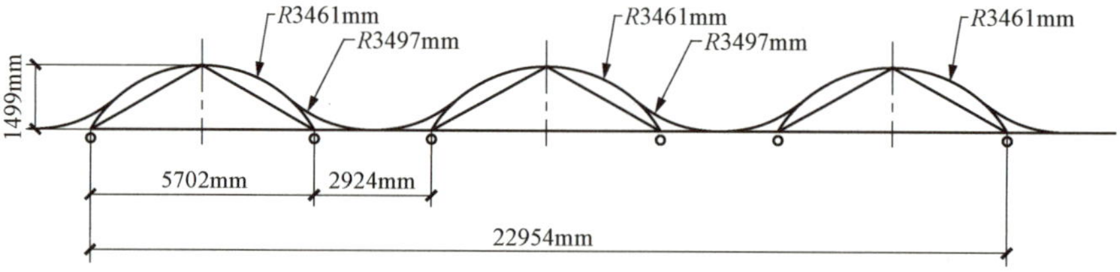

图 3 - 12　最大伸缩状态轨迹

2. 等分差动机构设计

为实现电缆在移动过程中，电缆始终能满足弯曲半径（⩾20D）以及在伸缩变化过程中每拱曲线变化一致，本次研究采用了等分差动补偿方式：每一个单拱机构负责本级的匀变和同等的补偿范围，每一个单拱机构只需预设本级同向差动装置的差动系数 K 即可实现差动；单拱机构与单拱机构之间可实现连续连接，以满足不同补偿范围的需求。等分差动补偿机构拼接时，各等分差动补偿机构中的同向差动装置的差动系数 K 分别取用为 2/3、1/2，如图 3-13 所示。

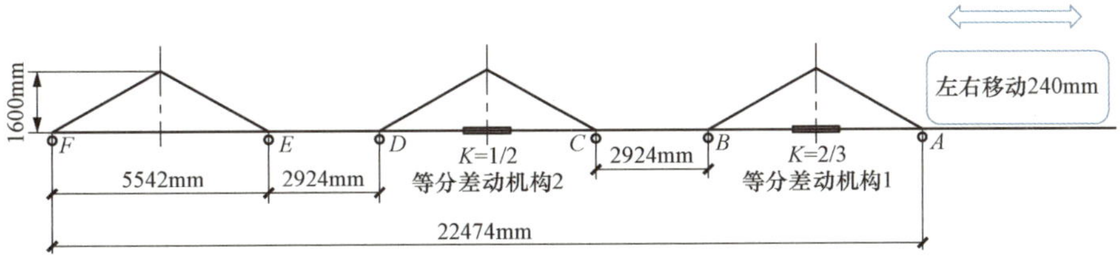

图 3-13 等分差动补偿机构拼接

当移动桥梁往固定桥梁伸长变化，变化量取最大位移 240mm，即 A 点左移 240mm。等分差动机构 1 的 K 值为 2/3，这表明 AB 段的移动量为 240×2/3=160mm，AB 段的变化量为 240−160=80mm。由于 BC 段和 ED 段为刚性连接，故 BC 段的移动量亦为 160mm。等分差动机构 2 的 K 值为 1/2，CD 段的移动量为 160×1/2=80mm，CD 段的变化量为 160−80=80mm。ED 段的移动量等于 CD 段，由于 F 点为固定点，所以 EF 段变化量为 80mm。由此可知，3 个单拱机构的变化量均为 80mm，达到了各个圆弧变化轨迹一致的要求。

当移动桥梁往固定梁收缩变化，即 A 点往右边移动。原理与 A 点左移一致，只是变成分开过程。

3.4.3 OFFSET 装置关键构件设计

随桥电缆 OFFSET 装置主要由固定架、折角机构、移动架、移动支座轮组、辅助连杆机构、单拱机构以及等分差动机构组成，如图 3-14 所示。各部件设计过程中，除了考虑构件应具备足够的强度、刚性外，所选用的材料还须具备良好的耐腐蚀性以及抗疲劳性。为了便于现场安装，所有的钢结构都选用标准型材，螺栓连接结构。

图 3-14　随桥电缆 OFFSET 装置

1. 固定架

固定架安装在移动桥面这侧，电缆通过电缆专用夹具固定在固定架中，如图 3-15 所示。

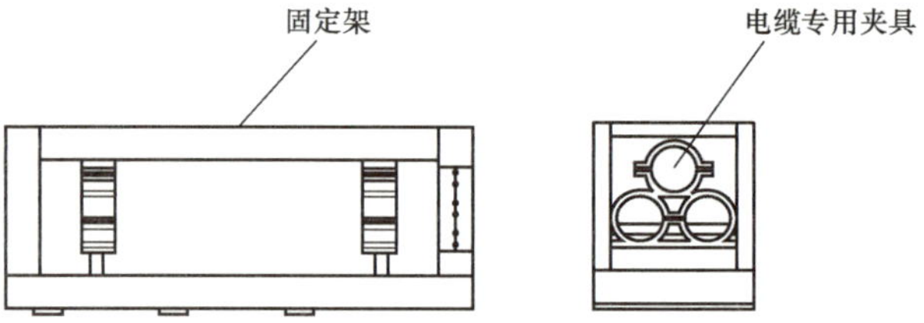

图 3-15　固定架和电缆专用夹具

固定架主要承受电缆弯曲变形所需的拉力和压力。力的大小等同于电缆和 OFFSET 装置上钢板弯曲时的屈服力。固定架主要由 12 号槽钢焊接而成，焊后整体采用热锌进行防腐处理。固定架的框架尺寸根据电缆专用夹具尺寸来确定。

2. 折角机构

如前所述，折角机构主体为两端垂直铰接的框架结构，可上下左右摆动，当移动桥面伸缩时，折角机构能够把伸缩力从动桥端传递到固定桥端的移动架上，从而拉压弧形电缆部分完成补偿作用。当在负载和风力的作用下，两桥端会产生上下左右的偏转，通过折角机构的铰接作用，可使弯折力消失。

折角机构的两个框架采用 12 号槽钢焊接而成，4 个拼接处再用加强板进行加强，焊后进行整体热锌防腐处理，折角机构的销轴为不锈钢实心轴，使用双锁紧螺母紧固，如图 3-16 所示。

折角机构偏转角度相对较小，对于电缆这种塑性材料而言，尽管频次很高，弯折的影响其实是微不足道的，只需在折角机构两端固定电缆时，电缆在中间呈微弧状即可。其实折角机构并不是真正意义上的电缆折角补偿机构，而是 OFFSET 装置钢结构自身的弯折消除机构。

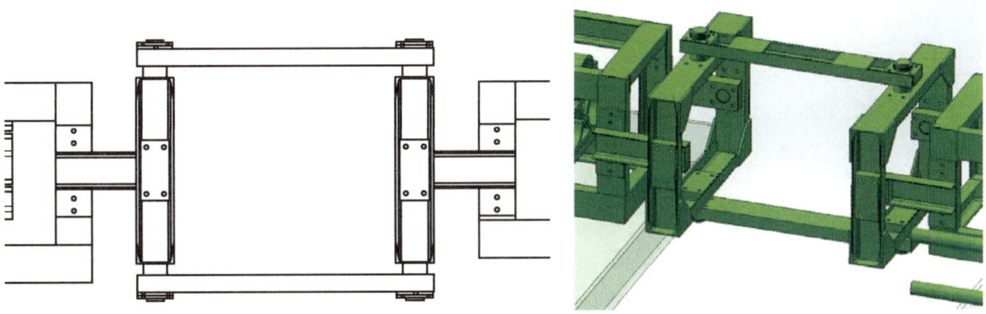

图 3-16　折角机构

3. 移动架

移动架由移动支架、电缆专用夹具以及滚轮安装轴组成，如图 3-17 所示。

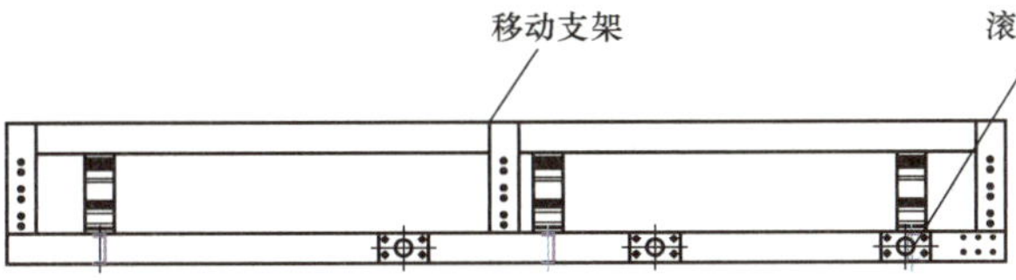

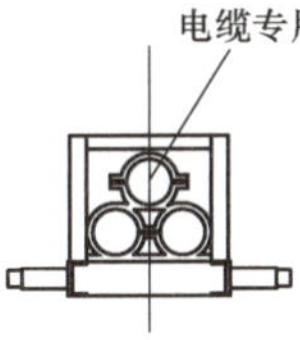

图 3-17　移动架

电缆通过专用夹具固定在移动支架内。受到由折角机构传过来的拉力或压力，移动架沿着移动支座轮组进行相应的左右移动。由于电缆是固定在移动支架上的，电缆跟着移动架进行相应位移移动，故该处电缆不产生任何形变。移动支架采用 12 号槽钢焊接而成，焊后整体热锌防腐处理。滚轮安装轴采用不锈钢加工而成与滚轮组合移动部件。滚轮与不锈钢安装轴之间采用自润滑轴承过渡，有效地解决了润滑问题和后期维护工作。

4. 移动支座轮组

移动支座轮组的主要作用是配合移动支架，将由移动桥面因伸缩而造成的位移传递至单拱机构上。移动支座轮组由移动滚轮和滚轮支座组成，如图 3-18 所示。

滚轮的材质经多次验证测试，结合防腐性能要求，采用了不锈钢整体加工而成。同时为了能使机构受力传动更灵敏，滚轮的机构采用了管型曲轮结构。滚轮的曲面在不锈钢材质的管道上滚动，内部通过自润滑轴承过渡，保证了滚轮机构能在运行过程中一直处于润滑状态，从而提高了机构的使用寿命。

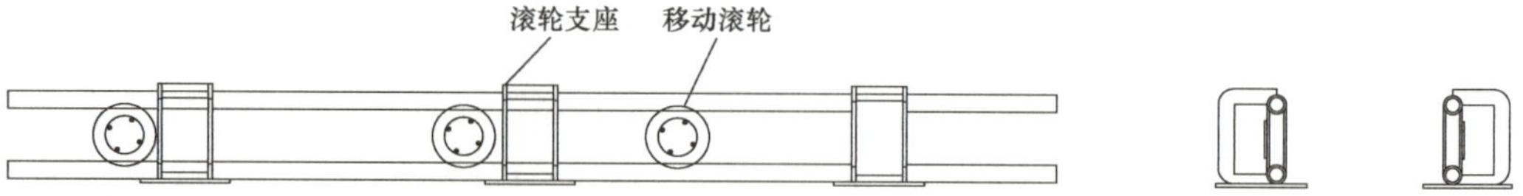

图 3-18　移动支座轮组

5. 单拱机构

单拱机构是 OFFSET 装置中消除桥梁温差伸缩产生位移的关键设备，主要由铰链机构、应变钢板、钢板固定机构、应变钢板定型机构和电缆专用夹具等组成，如图 3-19 所示。

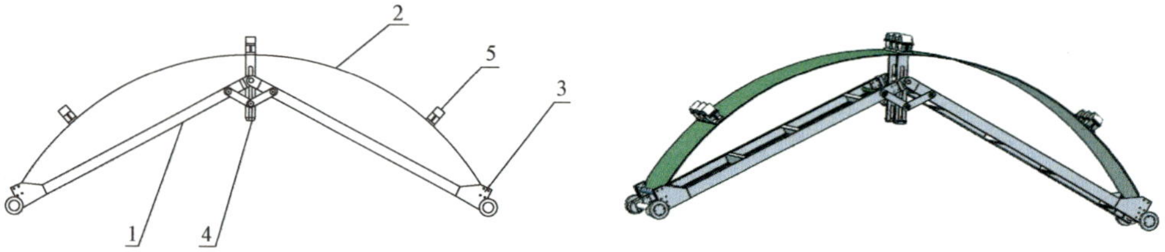

图 3-19　单拱机构

1—铰链机构；2—应变钢板；3—钢板固定机构；4—应变钢板定型机构；5—电缆专用夹具

（1）铰链机构。铰链机构由内铰链与外铰链组合而成，通过旋转轴和自润滑轴承铰合，形成能来回自由转动的运动臂，如图 3-20 所示。

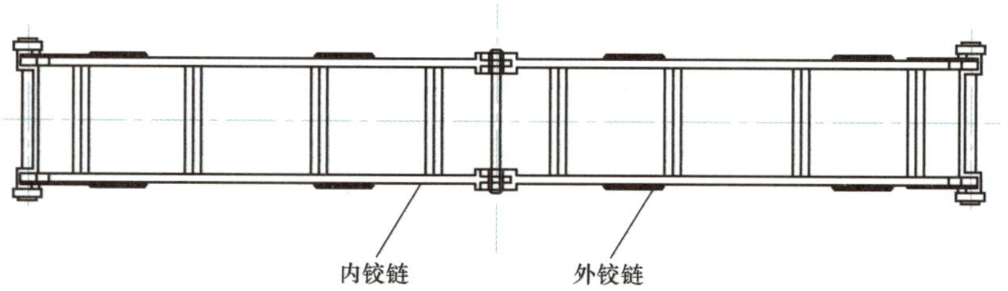

图 3-20　铰链机构

铰链机构是整个单拱机构的支撑部件，也是运动部件。在选取机构材料方面，计算机构的支撑强度，以及制取材的方便性，结合实验的结果，采用 12 号槽钢为主要的材料。机构通过焊接方式进行拼接而成。

（2）应变钢板。应变钢板为单拱机构的核心部件，如图 3-21 所示。考虑 OFFSET 装置的应用环境，需要应变钢板具有良好的耐腐蚀性能，所以选择了应变钢板材质为不锈钢。

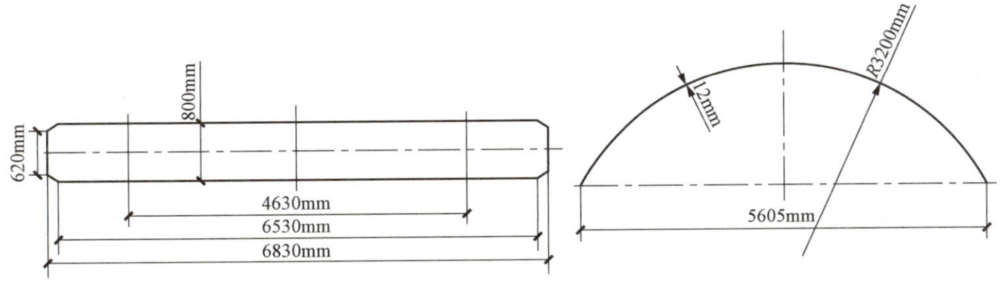

图 3-21 应变钢板

(3) 钢板固定机构。钢板固定机构由两块可以移动的旋转座和一根旋转轴组成，如图 3-22 所示。

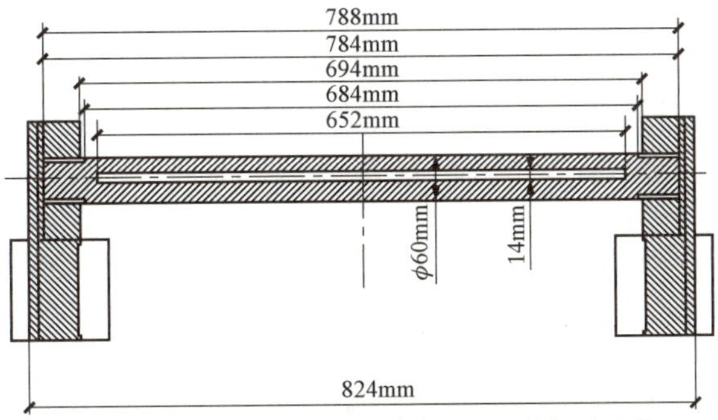

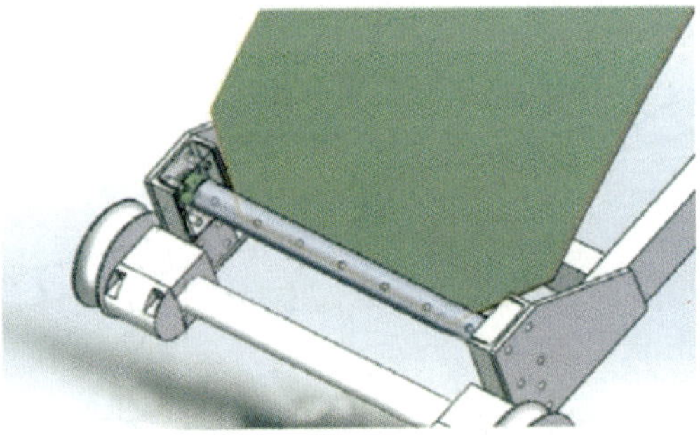

图 3-22 钢板固定机构

在铰链机构两端均有钢板固定机构，其作用是将应变钢板固定在铰链机构之上。旋转轴通过螺栓跟铰链机构连接。旋转轴上开有插钢板的槽口，应变钢板插入槽口，再进螺栓连接固定。旋转轴与旋转座连接，使用润滑轴承来保证润滑。

(4) 应变钢板导向机构。应变钢板导向机构由两个四边机构和 4 根导向轴组成，如图 3-23 所示。

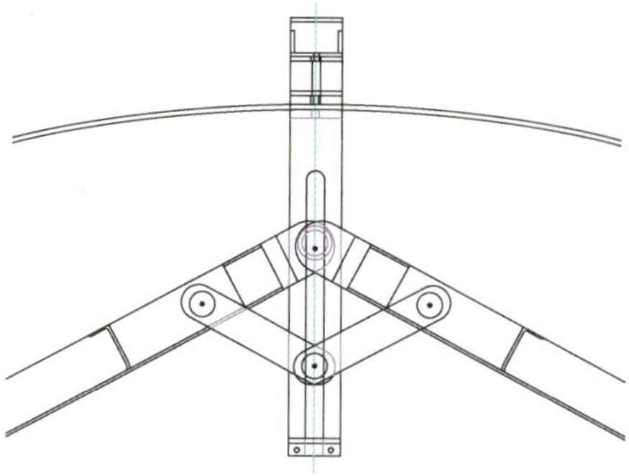

图 3-23 应变钢板导向机构

该机构用于在 OFFSET 装置的运行过程中，控制应变钢板按设定的轨迹进行变化。该机构的四边机构采用不锈钢材质，直接按设计加工而成，导向轴则采用 45 号镀铬光轴制作而成。当铰链机构随移动架移动而进行运动时，应变钢板导向机构随之进行相应变动。通过导向架将应变钢板固定在导向机构上，从而保证了应变钢板仅在垂直方向进行移动，消除了在水平方向上的位移，使得应变钢板的应变符合设计的理论轨迹。

6. 同向等分差动机构

同向等分差动机构是实现多拱机构同步性的保证，也是实现电缆均匀、一致变化的关键。同向等分差动机构是由多根不锈钢制作的旋转臂配合多个旋转支座组成。

7. 底座

底座是设备的安装基础台架，选用 HW100×100 工字钢搭接而成。底座的刚性要求好，平整度要求高。考虑到现场的安装方便，工字钢在拼接均采用高强度螺栓连接。底座（工字钢）及其工字钢拼接型式（双面）如图 3-24 所示。

图 3-24 底座（工字钢）及其工字钢拼接型式（双面）

第 4 章　桥梁电缆敷设施工

4.1　施　工　准　备

4.1.1　电缆的运输

电力电缆一般是缠绕在电缆盘上进行运输、储存和敷设的。低压电缆盘多为木质结构；中压电缆盘多为钢结构，保护板为木板；高压和超高压电缆盘都是钢结构，保护板多为薄铁皮，与电缆盘可采用铆接、焊接或螺栓连接。钢结构电缆盘坚固耐用，不易损坏，对保护电缆很有好处，这种电缆盘还能够回收重复使用，比木质电缆盘经济。

1. 准备

运输前应检查电缆的规格、型号是否符合要求；电缆端头应密封；电缆的内、外端头要固定牢固，避免在运输过程中受震而松动；电缆的外面要做好防护，以防外物伤害。如果发现问题，应处理好后装车运输。新电缆应有产品质量合格证，电缆盘外观应完好无损。电缆的线盘应坚固无松动，若损坏或无法装卸需更换线盘时，更换的新线盘直径应不小于原线盘，保证满足电缆弯曲半径的需要。

2. 电缆盘装卸

在电缆盘的中心孔中穿进一根钢轴，在轴的两端套上钢丝绳起吊。有的电缆盘中心即为盘轴，轴两端设有槽，可直接套上钢丝绳起吊。不允许将钢丝绳直接穿入电缆盘的内孔中起吊，这样起吊电缆盘受力不均容易损伤电缆。

卸车时如果没有起重设备，严禁将电缆盘从运输车上直接推下。较小型的电缆盘，可以用木板搭成斜坡，再用绞车或绳子拉住电缆盘沿斜坡慢慢滚下。人力搬运短段电缆时，必须同时抬起和放下，互相配合，以防损伤电缆。上斜坡时，后面的人员身高应比前面的人员高，下斜坡时反之。

3. 电缆运输

重量较轻、盘径不大的电缆盘可以使用一般的槽形卡车运输，但重量和盘径较大时，最好使用专用拖车运输。舟岱大桥上的电缆运输如图 4-1 所示。

图 4-1　舟岱大桥上的电缆运输

电缆盘在车上运输时，必须将电缆盘放稳并固定牢靠，电缆盘边应垫塞保护块，防止电缆盘出现晃动、碰撞或倾倒。

电缆盘严禁平放装车。因为电缆盘平放将使电缆缠绕松脱，层间相互挤压，容易使电缆与电缆盘损坏。

4. 电缆盘的滚动

电缆线盘的放置地应坚实，防止倾倒压伤电缆、设备和人员。短距离搬运电缆线盘时，允许将电缆盘滚动，但其滚动的方向必须与线盘上标识的箭头方向一致，即必须按顺着电缆的缠绕方向的原则进行滚动。这样滚动电缆盘时电缆就会越滚越紧，不会在滚动时被松下、脱落伤人或损坏电缆。电缆盘在地面上滚动时必须控制在小距离范围内。滚动电缆线盘时，应有人统一指挥和熟练操作工人控制方向。

5. 物资运输方案

高压电缆在大桥上进行敷设，在施工阶段前需统筹考虑施工用物资的运输方案，在陆上道路、大桥桥面以及海面上建立合适的运输通道，以确保整个物资运输过程快速安全，确保工程有序开展，控制投资。

通常考虑运输措施的电缆敷设用物资包括电缆盘、电缆接头材料、工具棚及施工工器具等设备。

根据大桥敷设电缆的特点，可选用的物资运输方案一般包括以下两种（前提条件大桥未全线贯通，码头离施工现场较远）。

方案一：陆地—桥梁—大海—施工现场。电缆仓库至海陆联运点已贯通条件下，电缆盘从基地仓库经专用平板运输车运送至大桥陆地段，经过吊车转接至大桥，再从大桥运输至海陆联运点，在海陆联运点附近将电缆盘从大桥通过浮吊转运至货船上，再由货船运至预定电缆盘放置处的大桥箱梁附近，由浮吊将电缆盘吊至电缆盘敷设位置。期间需使用交通船舶运送人员并担任警戒。方案一施工示意如图 4-2 所示。

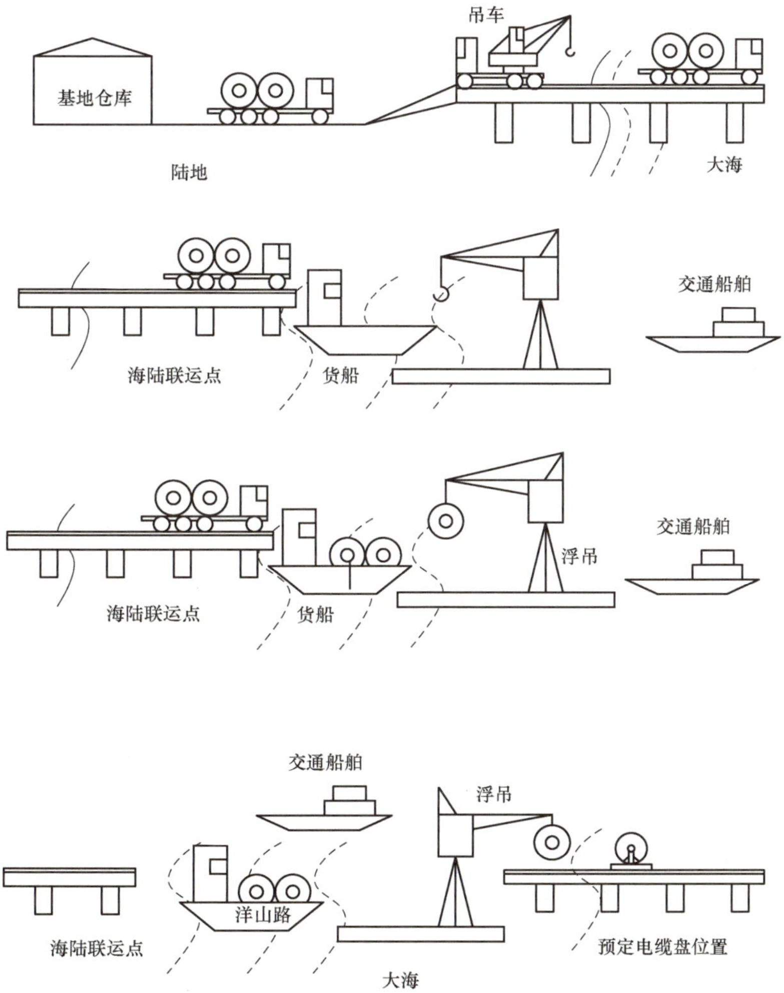

图 4-2　方案一施工示意

方案二：陆地—码头—大海—施工现场。电缆盘从基地仓库经专用平板运输车运送至专用运输码头，经过吊车或浮吊转接至货船，再由货船运至预定电缆盘放置处的大桥箱梁附近，由浮吊将电缆盘吊至电缆盘敷设位置。期间需使用交通船舶运送人员并担任警戒。方案二施工示意如图 4-3 所示。

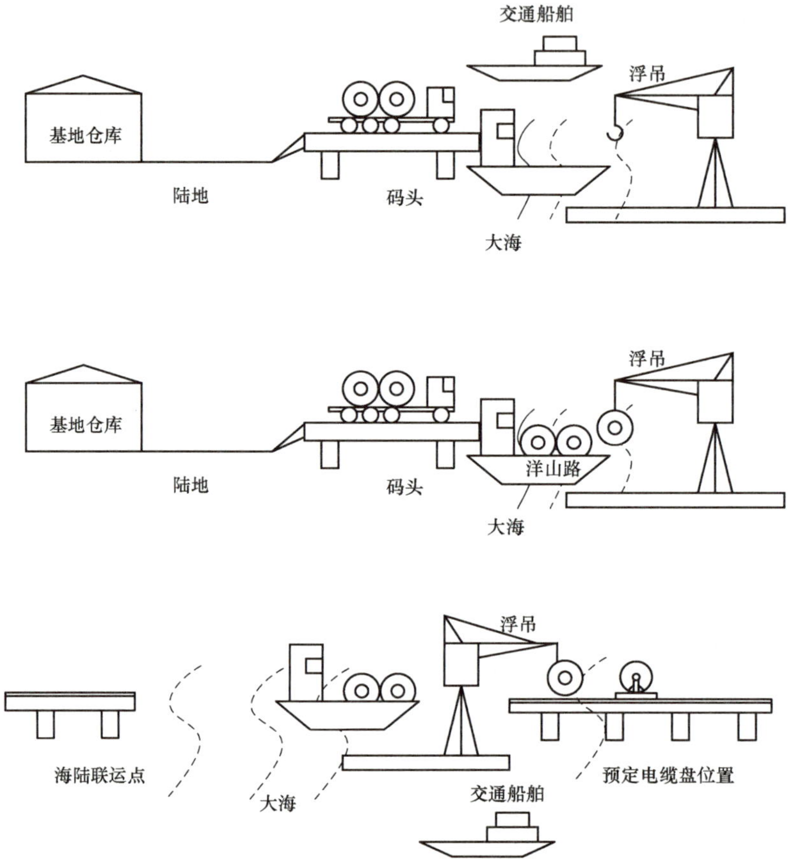

图 4-3 方案二施工示意图

两个物资运输方案在时间、费用及安全性方面的比较见表 4-1。

表 4-1 两个物资运输方案在时间、费用及安全性方面的比较

方案	时间	费用	安全性	备注
一	短	低	较好	需海陆联运交通工具及采取特殊安全措施
二	长	高	一般	需海陆联运交通工具及采取特殊安全措施

考虑到时间、费用及安全性，上述方案的优先排序一般是方案一优于方案二。具体

应用中应根据工程实际情况，特别是海洋环境、大桥施工进度进行对比分析，制定切实可行的物资运输方案。

不管采用何种方案，由于海上施工的特殊性，总体费用都比较高。因为海上施工不仅需要使用浮吊、货船（上述船只的租用费用相当昂贵）来吊装及运输物资材料，还需租用交通船舶来运输人员、设备、施工工器具，还有许多其他与海上施工相关的费用如码头停靠和装卸、陆上运输和吊装等费用，此外海上施工特殊安全措施的资金也必须保证。

4.1.2　电缆的验收与仓储

1. 电缆及附件的检查验收

电缆及其附件运到仓库或施工现场后应及时进行检查验收，其项目如下。

（1）按照施工设计和订货清单，核查电缆的型号、规格和数量是否相符。检查电缆及其附件的产品说明书、试验检验合格证、安装图纸资料是否齐全。

（2）电缆盘及电缆是否完好无损，充油电缆还要检查电缆盘上的附件是否完好，压力箱的油压是否正常，电缆及其终端应无漏油迹象。

（3）电缆附件应齐全、完好，其规格尺寸应符合制造厂图纸的要求。绝缘材料的防潮包装及密封应良好。

2. 电缆及附件的储存

电缆及附件运到后，一般存放在仓库妥善保管，作为备品、备件的电缆及附件，存放的时间会更长。电缆及其附件存放时，为避免损伤，影响使用，应注意以下几个问题。

（1）电缆盘上应标明电缆型号、电压、规格和长度。电缆盘的周围应有通道，便于检查，地基应坚实，电缆盘应稳固，存放处不得有积水。

（2）电缆盘不得平放放置。在室外存放充油电缆时，应有防止太阳直接照射电缆及防止遭受机械损伤和附件丢失的措施。

（3）电缆终端和中间接头等附件应当分类存放。为了防止绝缘件和绝缘带材、绝缘剂等绝缘材料受潮、暴晒而变质，必须将其存放在干燥、通风、有防火措施的室内，并应在有效储存期内使用。

（4）终端用的瓷套等易碎绝缘件，无论存放于室内、室外，都有遭受机械损伤的可能，因此所有瓷件存放时，尤其是大型瓷套应放于原包装箱内，用泡沫塑料、草袋、木料等围遮包牢。

（5）存放过程中应定期检查电缆及附件是否完好。

3. 其他材料的储存

其他材料主要包括接地箱；防火材料；电缆支桥、桥架；金具及电缆附件、工器具等。

（1）接地箱、交叉互联箱要存放于室内，对没有进出线口封堵的要在箱内放置防潮剂并增加临时封堵。

（2）防火涂料、包带、堵料等防火材料，应严格按照制造厂提供的产品技术性能对其包装、温度、时间等的保管要求，进行保管存放，以免材料失效、报废。

（3）电缆支桥、桥架暂时不能安装时，应分类保管；装卸存放一定要轻拿轻放，不得摔打，以防变形和损伤防腐层。

（4）存放电缆金具时，不要破坏金具的包装箱。

（5）桥上电缆附件和工器具如需存储，应尽可能存放在大桥箱梁内部。桥上电缆附件和工器具确需在桥面上存放时，应划定专门的存放区域，并做好防风防散落及固定措施。

1）桥上电缆盘如需存储，应采取以下固定措施防止电缆盘滚动。

a. 如为空电缆盘，应使用道木固定防止滚动，并将用链条穿过 5 或 6 个空盘进行连环固定，增加空电缆盘的稳定性。必要时可借助大桥固定件进行固定（须经桥梁施工部门允许）。

b. 如为非空电缆盘，且未进行敷设过程时，应使用道木固定防止滚动，必要时可将 5 或 6 个电缆盘进行连环固定，增加电缆盘的稳定性。

c. 防汛防台风期间还应增加其他紧固措施或撤离桥面以确保电缆物资的安全。

2）桥面上其他物资设备也必须做好紧固措施，施工用电源车应合理布置、固定牢靠。

3）防汛防台风及异常天气情况应及早做好上述物资设备的存储及固定。

4.1.3 高压电缆敷设牵引力计算

1. 电缆的允许牵引力

随牵引方法的不同（即电缆结构中受牵引力作用部分的不同）电缆的允许牵引力也有不同。通常取受力部分材料的抗张强度的 1/4 左右作为最大的允许牵引力。

（1）牵引力作用在线芯上。铜线芯的抗张强度约为 $24kg/mm^2$，允许的牵引强度为 $7kg/mm^2$；铝线芯的抗张强度一般为 $16kg/mm^2$，允许的牵引强度为 $4kg/mm^2$。对于具有中心油道的空心铜线芯，除考虑按截面计算的抗张强度外，还要求作用在线芯上的牵引力不能使油道发生任何形变，使油道不发生变形的最大牵引力约为 26.46kN。因此作用在铜线芯上的牵引力既不能超过按截面计算的 $7kg/mm^2$ 的强度，也不能超过不使油道发生变形的最大允许值。

（2）牵引力作用在绝缘层上。在敷设高压塑料绝缘电缆时，一般采用牵引网套来牵引电缆，这时牵引力集中在绝缘层上。聚乙烯的抗张强度约为 $1.5kg/mm^2$，因此允许的牵引强度为 $0.4kg/mm^2$；交联聚乙烯的抗张强度为 $2.3kg/mm^2$，允许的牵引强度为 $0.6kg/mm^2$。塑料电缆的主绝缘外通常还有一层聚氯乙烯护层，而它的抗张强度为 $2.5kg/mm^2$，允许的牵引强度为 $0.7kg/mm^2$。由于外护层的截面积与主绝缘层的截面积之比较大，此外，塑料不如金属材料那样容易产生永久变形，因此对塑料电缆也有全部采用 $0.7kg/mm^2$ 作为牵引强度的。

（3）牵引力作用在金属护套上。如采用网套牵引自容式充油电缆时，则牵引力全部集中在金属护套上，虽然铅合金的抗张强度较低，但它有加强带加固，故允许牵引强度可取为 $1kg/mm^2$；而铝护套的抗张强度虽高，但为了防止波纹的变形允许牵引强度也不能取得太大，一般取为 $2kg/mm^2$。

（4）电缆的允许侧压力。有拐弯的电缆线路，当牵引力作用在电缆上时，在弯曲部分的内侧，电缆受到牵引力的分力和反作用力的作用而遭受压力，这种压力称为侧压力。如侧压力过大将会压扁电缆，电缆的允许侧压力与其结构有很大关系。

2. 牵引力的计算方法

为了便于计算牵引力，通常将路径比较复杂的电缆线路分解为几种最简单的基本弯曲类型，分别加以计算，最后将各部分的牵引力相加后，即得到整段电缆的牵引力。各种单一弯曲牵引力的计算公式见表 4 - 2。

表 4 - 2　　各种单一弯曲牵引力的计算公式

弯曲种类		示意图	计算公式
水平直线牵引		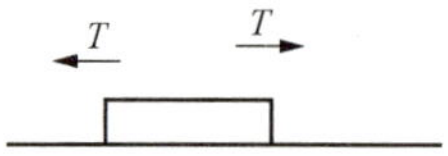	$T=\mu WL$
倾斜直线牵引		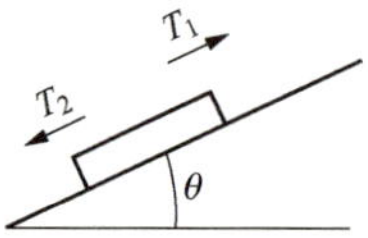	$T_1=WL(\mu\cos\theta_1+\sin\theta_1)$ $T_2=WL(\mu\cos\theta_1-\sin\theta_1)$
水平弯曲牵引		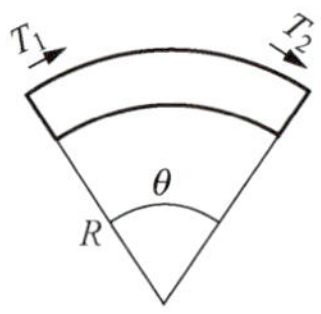	布勒算式：$T_2=WR\sinh\left(\mu\theta+\sinh^{-1}\frac{T_1}{WR}\right)$ 李芬堡算式： $T_2=T_1\cosh(\mu\theta)+\sqrt{T_1^2+(WR)^2}\sinh(\mu\theta)$ 简易算式：$T_2=T_1e^{\mu\theta}$
垂直弯曲牵引	凸曲面	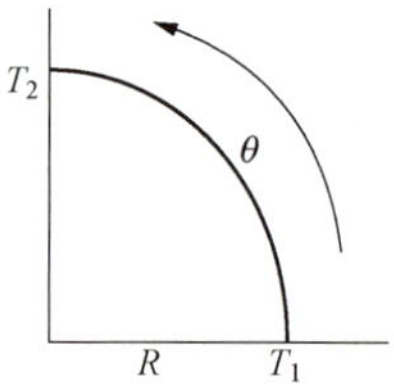	$T_2=\frac{WR}{1+\mu^2}[(1-\mu^2)\sin\theta+2\mu(e^{\mu\theta}-\cos\theta)]+T_1e^{\mu\theta}$ 当 $\theta=\frac{\pi}{2}$时，$T_2=\frac{WR}{1+\mu^2}[(1-\mu^2)+2\mu e^{\mu\frac{\pi}{2}}]+T_1e^{\mu\frac{\pi}{2}}$
		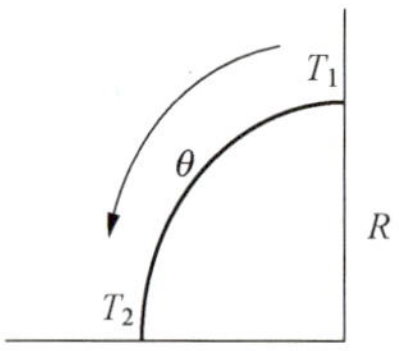	$T_2=\frac{WR}{1+\mu^2}[2\mu\sin\theta(1-\mu^2)(e^{\mu\theta}-\cos\theta)]+T_1e^{\mu\theta}$ 当 $\theta=\frac{\pi}{2}$时，$T_2=\frac{WR}{1+\mu^2}[2\mu-(1-\mu^2)e^{\mu\frac{\pi}{2}}]+T_1e^{\mu\frac{\pi}{2}}$
	凹曲面	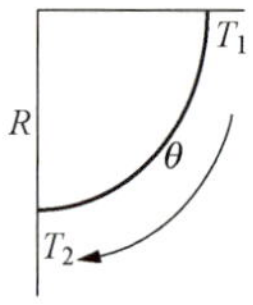	$T_2=T_1e^{\mu\theta}-\frac{WR}{1+\mu^2}[(1-\mu^2)\sin\theta+2\mu(e^{\mu\theta}-\cos\theta)]$ 当 $\theta=\frac{\pi}{2}$时，$T_2=T_1e^{\mu\frac{\pi}{2}}-\frac{WR}{1+\mu^2}[(1-\mu^2)+2\mu e^{\mu\frac{\pi}{2}}]$
		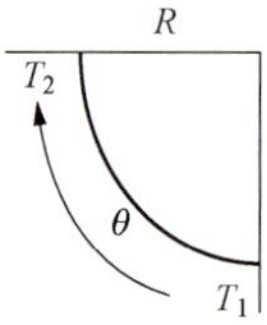	$T_2=T_1e^{\mu\theta}-\frac{WR}{1+\mu^2}[2\mu\sin\theta-(1-\mu^2)(e^{\mu\theta}-\cos\theta)]$ 当 $\theta=\frac{\pi}{2}$时，$T_2=T_1e^{\mu\frac{\pi}{2}}-\frac{WR}{1+\mu^2}[2\mu-(1-\mu^2)e^{\mu\frac{\pi}{2}}]$

续表

弯曲种类		示意图	计算公式
倾斜面上垂直牵引	凸曲面	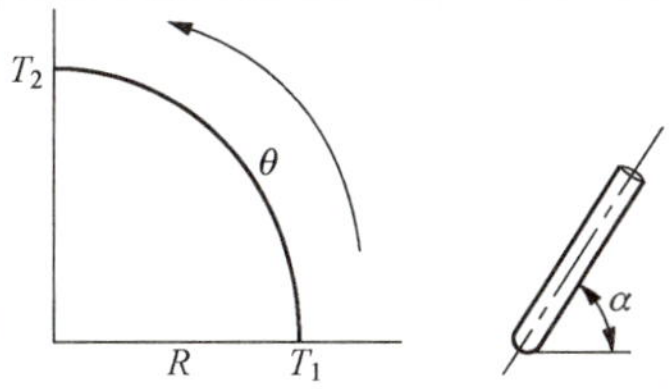	$T_2=T_1e^{\mu\theta}+\frac{WR\sin\alpha}{1+\mu^2}[(1-\mu^2)\sin\theta+2\mu(e^{\mu\theta}-\cos\theta)]$
		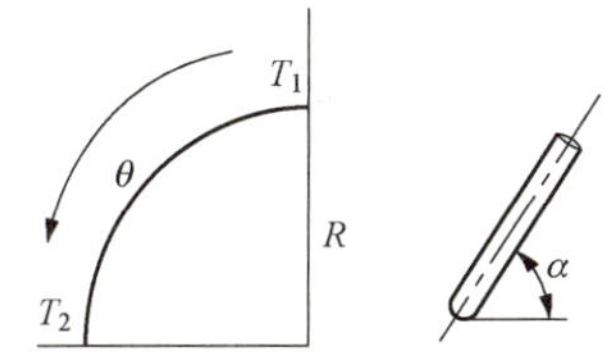	$T_2=T_1e^{\mu\theta}+\frac{WR\sin\alpha}{1+\mu^2}[(1-\mu^2)(\cos\theta-e^{\mu\theta})-2\mu\sin\theta]$
	凹曲面	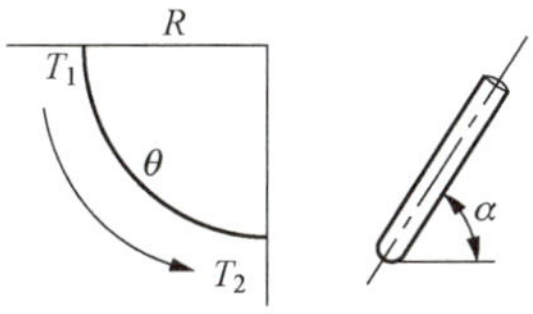	$T_2=T_1e^{\mu\theta}+\frac{WR\sin\alpha}{1+\mu^2}[-(1-\mu^2)\sin\theta+2\mu(\cos\theta-e^{\mu\theta})]$
		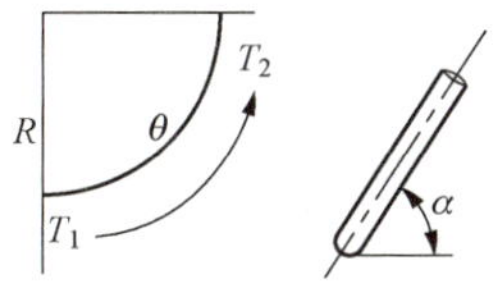	$T_2=T_1e^{\mu\theta}-\frac{WR\sin\alpha}{1+\mu^2}[(1+\mu^2)(\cos\theta-e^{\mu\theta})+2\mu\sin\theta]$

注　T 为牵引力，kg；μ 为摩擦系数；W 为电缆质量，kg/m；L 为电缆长度，m；θ_1 为电缆作直线倾斜牵引力时的倾斜角，rad；θ 为弯曲部分的圆心角，rad；T_1幻为弯曲前的牵引力，kg；T_2 为弯曲后的牵引力，kg；α 为电缆弯曲部分平面的倾斜角，rad；R 为电缆的弯曲半径，m。

3. 侧压力的计算方法

在敷设钢管电缆时，将缆芯拉入钢管的过程中，在弯曲部分将产生侧压力，其计算公式见表 4 - 3。对于其他电缆在牵引时所产生的侧压力，也可参照表 4 - 3 中的公式进行计算。

表 4 - 3　　侧压力计算公式

敷设种类	缆芯排列	计算式
一孔一条	$P=\frac{T}{R}$	

注　P 为侧压力，kg/m；T 为牵引力，kg；R 为弯曲半径，m。

各种牵引条件下的摩擦系数见表 4-4。

表 4-4 各种牵引条件下的摩擦系数

牵引时条件	摩擦系数	牵引时条件	摩擦系数
钢管内牵引	0.17～0.19	滚轮上牵引	0.1～0.2
塑料管内牵引	0.4		

电缆盘摩擦力和牵引钢丝绳的重量：一般电缆均装在电缆盘上，在牵引电缆时尚需克服电缆盘轴孔和轴间的摩擦力。在孔和轴配合较好的情况下，摩擦力可以折算成相当于 15m 的电缆重量。在核算总的牵引力时还需计入牵引钢丝绳的重量，一般可折算成相当于 5m 的电缆重量。

4.2 桥 上 施 工

4.2.1 支架安装

桥梁上电缆支撑用支架加工及安装流程如图 4-4 所示。

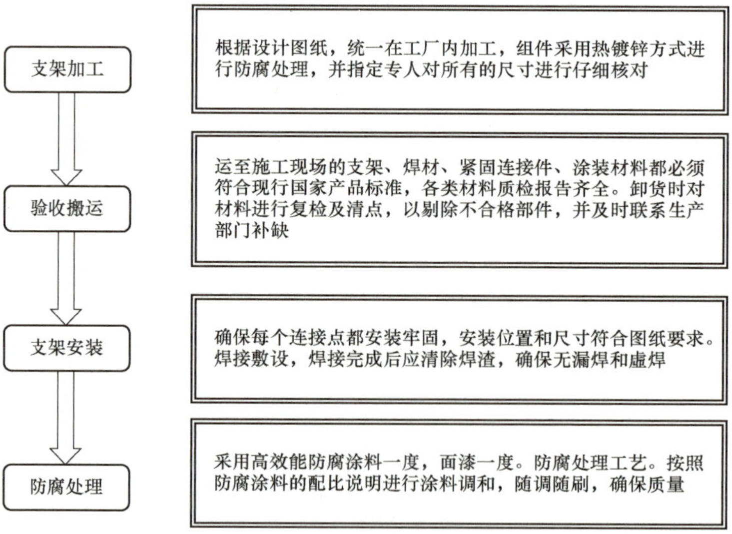

图 4-4 桥上电缆支撑用支架加工及安装流程

1. 预埋件施工

高压电缆支架需要承载较大的水平荷载及纵向荷载，良好的预埋件连接对保障日后电缆系统的正常运行至关重要。

箱梁外管线平台之上预埋件施工可与管线平台施工相结合，施工难度较小。根据电缆蛇形敷设波幅制定预埋件间距，一般以 3～5m 为宜。桥上电缆支撑用支架加工及安装流程如图 4-5 所示。

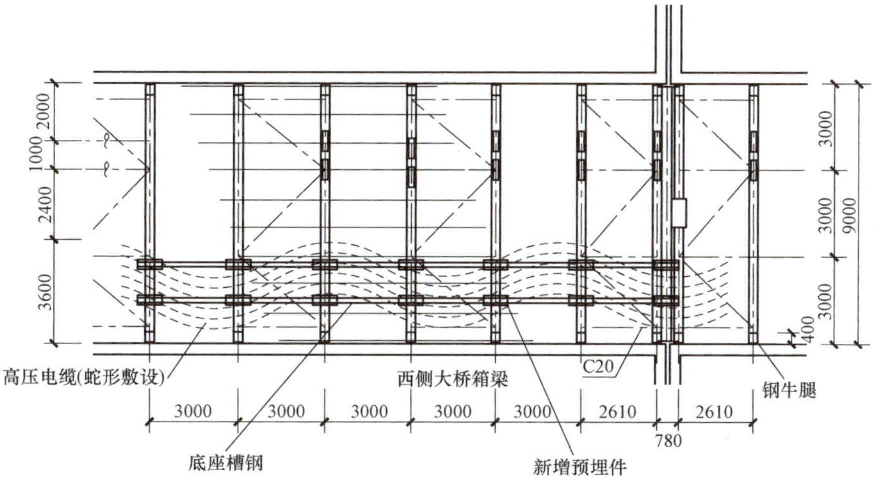

图 4-5 桥上电缆支撑用支架加工及安装流程

箱梁内预埋件一般需要与箱梁同时制作施工，若日后补打预埋件，需要对箱梁内钢筋位置进行探测，风险较大。根据电缆蛇形敷设波幅制定预埋件间距，一般以 3～5m 为宜。箱梁内预埋件施工如图 4-6 所示。

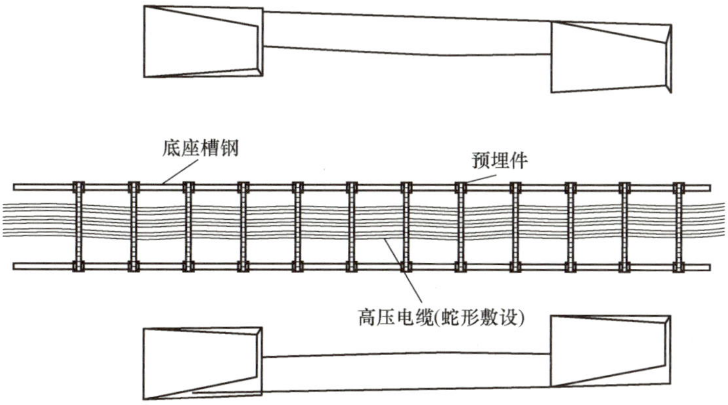

图 4-6 箱梁内预埋件施工

2. 支架与预埋件连接

电缆支架通过底座槽钢与管线平台或箱梁内预埋件相焊连接，如图 4-7 所示。

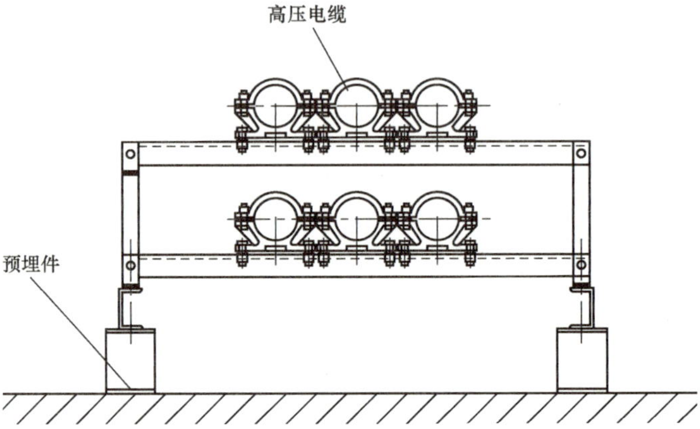

图 4-7 支架与预埋件连接

3. OFFSET 装置施工方案

OFFSET 装置施工需考虑预先在基地进行试安装，确保各项尺寸无误后再到大桥内部安装，安装时如有必要须请厂家专业人员进行现场指导。OFFSET 装置加工和安装步骤如图 4-8 所示。

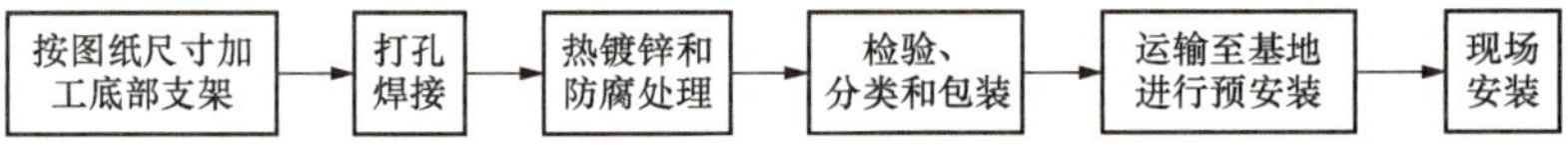

图 4-8 OFFSET 装置加工和安装步骤

对于移动量小的混凝土桥，在 OFFSET 装置的顶点部使用夹具固定，夹具采用可动的结构（能够旋转和沿着滑槽呈斜线移动），如图 4-9 所示。对于移动量大的斜拉桥的 OFFSET 装置需采用滑动机制，设置了均匀动作机构，在此基础上进行电缆的敷设和固定，此结构的特点是，为了减小设置的空间，在均匀动作机构和地面之间用无油滑动轴承来代替导轮。

4. 电缆支架的接地、防震措施

电缆支架接地采用沿支柱焊接敷设接地扁铁方式，接地扁铁与支柱连接须保证三面焊接，接地扁铁的搭接符合规定。从电缆支架上引出接地点与箱梁内的总接地系统相连接，此处连接采用焊接方式。箱梁内总接地系统电阻值以土建方提供的接地系统电阻值

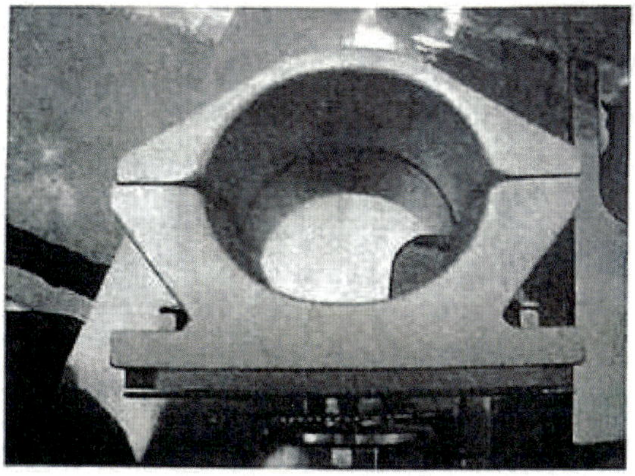

图 4-9 可动夹具

为依据。

为确保设备运行安全可靠，应对所有电缆支架采取必要的防振措施，如在底部支架与上部支架之间垫防振块，安装防振块时电缆支架需采用－6mm×40mm 接地扁铁与其连接，并且与大桥接地网连通。采取防震措施的电缆支架安装如图 4-10 所示。

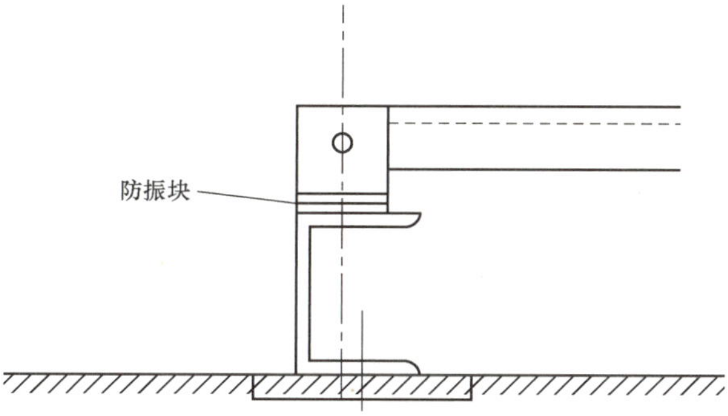

图 4-10 采取防震措施的电缆支架安装

4.2.2 桥上电缆敷设施工

1. 桥梁的电缆敷设前的准备

桥架桥梁上电缆敷设一般采用卷扬机钢丝绳牵引和电缆输送机牵引相结合的办法。将电缆盘和卷扬机分别安放在桥箱入口处，并搭建适当的滑轮、滚轮支架。在电缆盘处、工井、转弯处设置电缆输送机，以减小电缆的牵引力和侧压力。其敷设方法与排管电缆敷设基本相同。在拱形桥架上敷设电缆，需采用输送机牵引电缆，电缆牵引完毕后，用人力将电缆定位在支架上。

2. 桥架桥梁上电缆敷设的操作步骤

电缆桥架桥梁敷设施工方法与电缆沟道或排管敷设方法相似。电缆桥架桥梁敷设的最难点在于两个桥堍处，此位置电缆的弯曲和受力情况必须经过计算，确认在电缆允许值范围内，并有严密的技术保证措施，以确保电缆施工质量。

电缆敷设施工流程如图 4-11 所示。

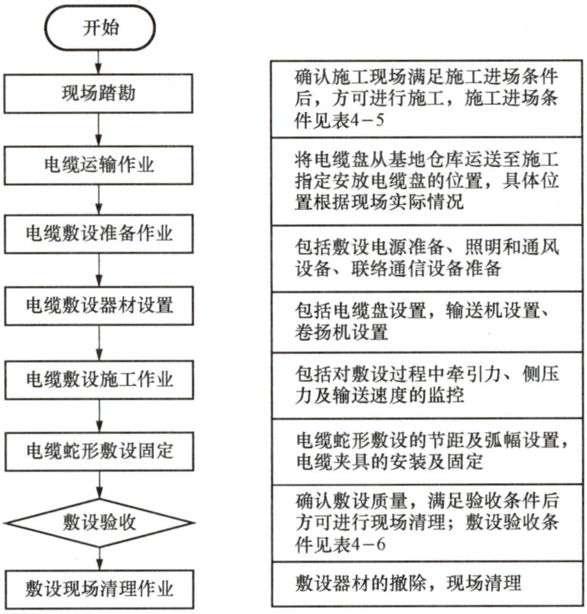

图 4-11 电缆敷设施工流程

电缆敷设施工进场条件见表 4-5。

表 4-5 **电缆敷设施工进场条件**

序号	敷设条件
1	大桥具备电缆盘运输上桥的路径及施工车辆在桥面安全畅通行驶的条件
2	桥面上有足够的施工孔敷设电缆，并且一直保持到敷设验收完毕为止
3	管线平台有足够的电缆敷设通道，并且有保证施工人员和工器具的安全进出孔
4	连续 1000m 以上支架安装完毕并验收合格畅通无阻的电缆通道
5	OFFSET 装置安装试验合格具备放线要求
6	桥面上提供有足够的摆放电缆盘及敷设施工用工器具的位置

电缆敷设验收应由技术负责人或项目经理召集，会同敷设负责人、接头负责人共同进行，电缆敷设验收条件见表4-6，应着重检查。

表4-6 电缆敷设验收条件

序号	验收条件
1	符合有关设计书要求及《电力电缆敷设规程》《电力电缆线路验收规程》
2	有关敷设报表符合要求
3	蛇形敷设已按要求完成
4	电缆夹具固定良好，螺栓松紧程度一致
5	电缆外护层完好无损，电缆弯曲半径符合设计要求

3. 电缆敷设作业

根据桥梁施工现场环境、电缆分盘长度、电缆接头位置及桥梁施工进度，选择合适的电缆盘放置位置。

电缆盘及其托架、滑轮组支架施工时将放置于大桥桥面，电缆输送机等设备需放置在混凝土箱梁内，混凝土箱梁内部与桥面应建立起良好稳定的通信网络，保证所有的施工用电源。

电缆将从电缆盘经过滑轮组，通过大桥桥面的施工孔进入混凝土箱梁内，经电缆输送机沿波纹管和滑轮进行敷设。电缆敷设速度控制在6～7m/min，最大牵引力控制在20kN，电缆盘配备良好的制动装置，保证电缆所受的牵引力及侧压力满足设计要求。大桥电缆敷设示意如图4-12所示。

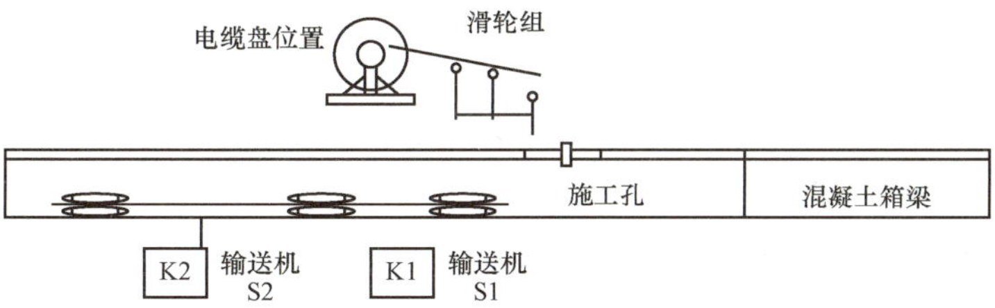

图4-12 大桥电缆敷设示意

由于桥梁大部分电缆施工桥面孔洞需要封堵，故原则上电缆接头位置设置电缆盘，需要根据施工现场环境、施工进度、工器具、人员等情况进行进一步确认，并经过现场勘察确认。

4. 电缆敷设通信方案

配备无线电对讲机，电缆箱梁内卷扬机、电缆盘处、各个箱梁内均持 1 台。注意电池使用情况，保证能正常通话。由于箱梁内结构的特殊性（每个箱梁内都有洞口），联络人员均应在洞口附近，将对讲机对准洞口，以利于正常通信。

5. 蛇形敷设施工方案及要求

（1）蛇形敷设施工方案。电缆蛇形固定前，可以将人员分为两组，一组专门负责输送电缆余线，另一组负责对电缆进行固定和蛇形布置。电缆应从中间往两端布置，并安排人在输送机控制器端或者等同于输送机的工具处，当需要电缆余线时，输送电缆余线。在水平蛇形布置部分，先定出波峰的位置，然后利用木枕定位，将电缆推到位以后，用木枕顶住电缆，两端夹紧固定成型。

（2）蛇形敷设基本要求。在电缆蛇形敷设过程中，确保有足够的余线，保证电缆蛇形圆滑，不出现三角形的情况。不得让电缆悬空于支架横担上面，必须调整电缆支架或电缆本体，保证电缆敷设到位并与支架横担完全接触。将调整支架、OFFSET 装置以及电缆夹具时涉及的螺栓在规定的力矩要求下拧到位，其中电缆夹具 M12 的螺栓拧紧力矩不得超过 390kg·cm，OFFSET 装置的独角螺栓为 300kg·cm。

（3）其他要求。夹具内的衬垫要平整紧贴电缆表面，不得出现褶皱现象。

4.2.3 桥上电缆中间接头安装

1. 高压电缆附件安装的关键工序

（1）电缆主绝缘界面的性能。

1）主绝缘表面的处理。高压交联电缆附件中，电缆主绝缘表面的处理是制约整个电缆附件绝缘性能的决定因素，是电缆附件绝缘的最薄弱环节。对 110kV 及以上电压等级的高压交联电缆附件来说，电缆本体绝缘表面尤其是与预制件相接触部分绝缘及绝缘屏蔽处的超光滑处理是一道十分重要的工艺，电缆绝缘表面的光滑程度与处理用的砂纸目数相关。因此，在 110kV 及以上电压等级的电力电缆中间接头制作过程中，应使用 400 号及以上的砂纸进行光滑打磨处理。

2）界面压力。110kV 及以上电压等级的高压交联电缆附件界面的绝缘强度与界面上所受的压紧力呈指数关系，如图 4-13 所示。界面压力除了取决于绝缘材料特性外，还与电缆绝缘的直径的公差偏心度有关。因此，在 110kV 及以上电压等级的电力电缆中间接头制作过程中，必须严格按照工艺规程处理界面压力。

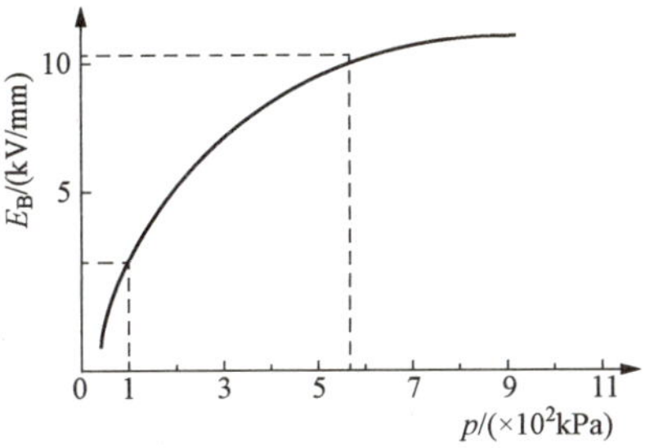

图 4-13　电缆绝缘强度与所受压力的指数关系

（2）主绝缘回缩。在 110kV 及以上电压等级的高压交联电缆生产过程中，电缆绝缘内部会留有应力。这种应力会使电缆导体端部附近的绝缘有向绝缘体中间呈收缩的趋势。当切断电缆时，就会出现电缆端部绝缘逐渐回缩并露出线芯，一旦电缆绝缘回缩后，将严重影响工艺尺寸和应力锥的最终位置，并有可能在界面处产生气隙，导致击穿。因此，在 110kV 及以上电压等级的电力电缆中间接头制作过程中，必须做好电缆加热校直工艺，确保上述应力的消除与电缆的笔直度。

（3）安装主体附件。

1）套入主体附件前应测量经过处理的电缆主绝缘外径。要求符合工艺及图纸尺寸，测量点数及 X-Y 方向测量偏差满足工艺要求。

2）套入主体附件前，应确认需套入部件已就位。清洁电缆主绝缘表面，要求使用无水无毒环保溶剂，从绝缘部分向半导电屏蔽层方向清洁。要求清洁纸不能来回擦，擦过半导电屏蔽层的清洁纸绝对不能再擦绝缘层，擦过的清洁纸不能重复使用。

3）待清洁剂挥发后，在电缆主绝缘表面、预制式主体附件内表面上应均匀涂上少许硅脂，硅脂应符合工艺要求。

4）将主体附件小心套入电缆，采取保护措施防止主体附件在套入过程中受损。要求主体附件不受损伤，电缆绝缘表面无伤痕、杂质和凹凸起皱。

5）清除剩余硅脂，释放主体附件安装过程中受压产生的应力，确认其就位于最终标注位置。

6）需预先扩张的接头主体预制件，利用专用工具将预制件进行扩张，将扩张后的预制件套入电缆本体上。要求仔细检查预制件，确保无杂质、裂纹存在。扩张时不得损伤预制件，控制预制件扩张时间不得过长，一般不宜超过 4h。

（4）防水和防潮。高压交联电缆一旦进水，在长期运行中电缆绝缘内部会出现水树枝现象，从而使交联聚乙烯绝缘性能下降，最终导致电缆绝缘击穿。潮气或水分一旦进入电缆附件后，就会从绝缘外铜丝屏蔽的间隙或从导体的间隙纵向渗透进入电缆绝缘，从而危及整个电缆系统。因此，在 110kV 及以上电压等级的电力电缆终端头制作过程中，必须做好密封处理工作。

2. 高压电缆附件安装基本要求

（1）安装环境要求。

1）电缆附件施工所涉及的土建工作及装修工作应在电缆附件安装前完毕，清理干净。

2）土建设施设计时应为电缆附件施工、运行及检修工作提供必要的便利，如完备的接地极、接地网和施工机械运输、吊装场地等。

3）电缆附件安装时必须严格控制施工现场的温度、湿度与清洁程度。温度宜控制在 0℃以上。相对湿度应控制在 75%及以下，当相对湿度大时，应采取适当除湿措施。控制施工现场的清洁度，当浮尘较多时应搭制工棚进行隔离，并采取适当措施净化施工环境。

（2）安装质量要求。

1）电缆附件安装质量应满足以下总体要求，即“导体连接可靠、绝缘恢复满足设计要求、接地与密封牢靠”。

2）电缆附件安装质量还应满足土建构筑物的防火封堵要求，并与周边环境协调。

3）电缆附件安装时电缆弯曲半径不宜小于规定的弯曲半径。电缆附件头安装的弯曲半径见表 4-7。

表 4-7　电缆附件头安装的弯曲半径

电缆类型		允许最小弯曲半径	
		单芯	多芯
交联聚乙烯绝缘电缆	＞66kV	20*D*	15*D*

注　*D* 表示电缆外径；非本表范围电缆的最小弯曲半径宜按厂家建议值。

4）电缆附件安装时应确保密封牢靠无潮气进入。

（3）安全消防要求。

1）电缆附件安装安全措施应按照有关安全工作规程的相关规定执行。

2）电缆附件安装工作的消防措施应满足施工所处环境的消防灭火要求，施工现场应配备足够的消防器材，施工现场如需动火应严格履行动火工作票制度，按照有关动火作业消防管理规定执行。

（4）环境保护要求。电缆附件安装完毕应做到工完料净、场地清。电缆附件头施工完毕后，应拆除施工用电源，清理施工现场，分类存放回收施工垃圾，确保施工环境无污染。

（5）安装质量控制要点。高压电缆户外附件安装质量控制要点见表 4 - 8。

表 4 - 8　高压电缆户外附件安装质量控制要点

工序	控制要点	操作事项	工作要求
施工准备工作	确保人员具备相应技能	培训作业人员	完成人员技能培训工作，持证上岗
	确保工器具完备可用	检查工器具	完成工器具检查工作
	确保产品质量合格	验收附件材料	完成材料验收工作
	确保安装人员掌握施工工艺流程	施工工艺交底	完成施工人员现场交底
	确保现场环境安全和谐	现场环境控制	制定现场环境控制方案
切割电缆及电缆护套的处理	确保后续工序施工	剥除电缆外护套	符合工艺图纸要求，无防腐剂残余
		去除石墨层/外护套半导电层	长度符合工艺图纸要求
		剥除金属护套	符合工艺图纸要求，无金属末残余
	确保金属护套可靠接地	铅护套搪底铅	严格控制温度，去除表面氧化层，确保接触良好

续表

工序	控制要点	操作事项	工作要求
电缆加热校直处理	防止电缆过热	控制好电缆绝缘温度	电缆绝缘不得过热，建议通过试验确定，一般厂家推荐在75～80℃
	确保加热校直效果	有充足时间加热校直	加热校直时间不宜过短，建议通过试验确定，一般推荐3h以上
		减少电缆弯曲度	小于2～5mm/400mm
电缆主绝缘预处理	确保电缆主绝缘表面光滑，提高界面击穿场强	主绝缘表面用砂纸精细加工	用400号以上绝缘砂纸进行打磨
		外半导电与主绝缘层的台阶形成平缓过渡	按照附件厂商工艺尺寸进行处理
		主绝缘直径与应力锥尺寸匹配	检查主绝缘直径与应力锥尺寸相配
安装主体附件	确保主体附件正确顺利安装在预定位置	确认最终安装位置	符合工艺尺寸的要求
压接金具	确保电缆导体连接后能够满足电缆持续载流量及运行过程中机械力的要求	用压接模具压接，将电缆导体连接	线芯、金具及压接模具三者匹配，确保压力和压接顺序
		接管表面进行打磨	接管表面光滑无毛刺
安装套管及金具	确保电缆附件的密封	确认附件密封性能	确认密封圈型号规格匹配，并完全放入密封槽内，符合螺栓拧紧力矩要求
接地与密封处理	确保电缆金属护套可靠接地，并确保实现电缆附件密封防水	确认接地与密封	根据设计要求，完成金属护套恢复及接地工作
			根据工艺图纸要求进行密封处理

3. 工艺要求及质量检验

(1) 电缆主绝缘表面预处理。确保电缆主绝缘表面光滑，提高界面击穿场强。

(2) 压接金具。确保电缆导体连接后能够满足电缆持续载流量及运行过程中机械力的要求。

(3) 安装终端套管、接头保护盒及金具。

1）根据工艺图纸要求，确保支撑绝缘子和终端底板安装正确。先清洁套管，检查套管内壁及外观，要求套管内壁无伤痕、杂质、凹凸和污垢，外部无损伤及裂痕。吊装套管至终端底板上，再次确认主体附件的固定位置。各部位的固定螺栓应按工艺图纸要求，用力矩扳手紧固。放置O形密封圈前，必须先用清洁剂清洁干净与O形密封圈接触的表面，并确认这些接触面无任何损伤或尖锐毛刺。

2）对于采用弹簧压缩装置的主体附件（或其他环氧树脂预制件、橡胶预制件），其压力调整应根据工艺图纸要求，用力矩扳手紧固。要求弹簧变形长度满足工艺及图纸要求，弹簧伸缩无障碍。

（4）接地与密封收尾处理。

1）所有的接地线和金属屏蔽带均应用铜丝扎紧后再以锡焊焊牢。

2）将电缆尾管、接头金属保护盒与金属护套处进行密封处理，并和接地连通。当与电缆金属护套进行搪铅密封时，连续搪铅时间不应超过30min，并可以在搪铅过程中采取局部冷却措施，以免金属护套温度过高而损伤电缆绝缘。搪铅前，搪铅处表面应清洁并镀锡。

3）根据工艺图纸要求灌入绝缘填充剂（如有）至规定油位。

（5）质量验评。根据工艺和图纸要求，及时做好现场质量检查、制作安装记录表填写工作。关键点及隐蔽工程影像资料应移交运维单位。要求通过过程监控与验收，确保终端安装质量。

1）附件验收。为了保证施工质量和施工工期，避免因接头附件质量或规格问题对施工造成不利影响，工程所有的接头附件材料在使用前必须全部进行开箱查看，经验收合格后方可投入使用。由于接头附件材料数量多，且接头附件材料一旦开箱对附件的防尘、防潮不利。因此，在厂家运货到基地的时候，主要由接头技术分负责人会同相关物资部门的人员对附件型号、箱数进行查验，并在施工前一周对接头附件全部进行开箱检查，并在查验后做好防尘、防潮等临时保存措施。发现问题及时汇报，坚决杜绝任何有问题的材料使用到施工中。

2）接头施工环境控制系统。在桥梁上进行电缆接头安装操作，环境控制是非常重要的环节，目前已有较成熟的环境控制技术。环境控制系统由空调系统、照明系统构成。

a. 空调系统。空调系统是集多功能化为一体的新型设备，包括制冷、除湿、净化空气功能段，具有操作方便、自动化程度高、安全可靠等特点，并且配备专业的摄像头，可对现场施工进行实时监控，具有下列功能：①确保工作正式温度≤26°C，相对湿度≤75%，保证区域内环境的温湿度符合施工要求；②在局部工作区域做净化处理，接头区域与隧道其他空间相对封闭，使区域内尘埃粒子浓度最大限值为粒径大于或等于10μm的粒子数不得超过8320pC/m³。

b. 照明系统。操作室内照明采用防爆洁净灯具，并配置应急照明灯。灯具安装于气模操作室结构件上，灯具电源线由结构件内排放，结构件由硬质铝合金空心管构成，安全可靠且美观，同时配置移动式平行光灯，可检测接头局部处理的质量。

3）接头施工进场条件。电缆接头进场条件见表4-9。

表4-9 电缆接头进场条件

序号	进场条件
1	电缆敷设到位，固定完毕，电缆护层完好
2	接头材料齐全，施工工器具完备，施工工艺已提供
3	施工电源具备，各类安全及消防设备具备
4	有关接地及支架均已完成并通过验收

4. 高压电缆中间接头的安装工艺

（1）导体连接注意事项。

1）导体连接前应将经过扩张的预制橡胶绝缘件、接头铜盒、热缩管材等部件预先套入电缆。

2）导体连接方式宜采用机械压力连接方法，建议采用围压压接法。

3）围压压接后，应对压接部位进行处理。压接后连接金具表面应光滑，并清除所有的金属屑末、压接痕迹。压接后连接金具表面不应有裂纹和毛刺，所有边缘处不应有尖端。电缆导体与接线端子应笔直无翘曲。

4）分割导体分块间的分隔纸（压接部分）宜在压接前去除。

（2）主体附件预扩张。

1）110kV及以上交联聚乙烯绝缘电力电缆中间接头其增强绝缘部分一般采用预制

橡胶件。增强绝缘的关键部位是预制附件与交联聚乙烯电缆绝缘的界面，主要影响因素为：①界面的电气绝缘强度；②交联聚乙烯绝缘表面清洁程度；③交联聚乙烯绝缘表面光滑程度；④界面压力；⑤界面间使用的润滑剂。

2）110kV 及以上交联聚乙烯绝缘电力电缆整体预制式中间接头的增强绝缘采用单一预制橡胶绝缘件，交联绝缘外径与预制橡胶绝缘件内径有较大的过盈配合，以保持预制橡胶绝缘件和交联电缆绝缘界面的压力。

3）要求预制橡胶绝缘件具有较大的断裂伸长率和较低的应力松弛，以满足安装和运行的需要。

4）预制式中间接头一般要求交联聚乙烯电缆绝缘的外径和预制橡胶绝缘件的内径之间有较大的过盈配合，以保持预制橡胶绝缘件和交联聚乙烯电缆绝缘界面有足够的压力。因此安装预制式中间接头宜使用专用的扩张工具或牵引工具，常用扩张方式包括工厂预扩张与现场扩张。扩张时宜按照工艺要求在预制橡胶绝缘件内表面及专用衬管外表面涂抹一定标号的硅油以减少界面间的摩擦。

a. 工厂预扩张。工厂预扩张是在工厂内将预制橡胶绝缘件扩张，内衬以塑料衬管，安装时将衬管抽出，该方式可用于硅橡胶材料的预制件。

b. 现场扩张。现场扩张是在干净无灰尘的环境下对预制橡胶绝缘件进行扩张，宜采用专用的扩张工具和专用衬管进行扩张。该方式采用的专用扩张工具和专用衬管必须用无水酒精或其他合适的溶剂仔细擦净，并用电吹风吹干。专用衬管的外表面应清洁而光滑无毛刺，专用衬管的使用次数宜按照工艺要求加以控制。

5）预制橡胶绝缘件经过扩张后套在专用衬管上的时间不应超过 4h。预制橡胶绝缘件的扩张必须在工艺要求的温度范围内进行。经过扩张的预制件在套至电缆绝缘上之前应采用塑料薄膜与外界隔离，并注意在预制橡胶绝缘件扩张前后仔细检查预制件表面，预制橡胶绝缘件表面应无异物、无损坏且无进潮。

6）预制件定位，清洁电缆绝缘表面并确保电缆绝缘表面干燥无杂质。采用专用收缩工具或牵引工具将预制橡胶绝缘件抽出套在电缆绝缘上，并检查橡胶预制件的位置满足工艺图纸要求。

（3）套入主体附件、外护层附件等。

1）套入主体附件前应测量经过处理的电缆主绝缘外径。要求符合工艺及图纸尺寸，

测量点数及 X-Y 方向测量偏差满足工艺要求。

2）套入主体附件前，应确认需套入电缆的终端下部部件已就位。清洁电缆主绝缘表面，要求使用无水无毒环保溶剂，从绝缘部分向半导电屏蔽层方向清洁。

3）待清洁剂挥发后，在电缆主绝缘表面、预制式主体附件内表面上应均匀涂上少许硅脂，硅脂应符合工艺要求。

4）将主体附件小心套入电缆，采取保护措施防止主体附件在套入过程中受损。要求主体附件不受损伤，电缆绝缘表面无伤痕、杂质和凹凸起皱。

5）清除剩余硅脂，释放主体附件安装过程中受压产生的应力，确认其就位于最终标注位置。

6）需预先扩张的接头主体预制件，利用专用工具将预制件进行扩张，将扩张后的预制件套入电缆本体上。要求仔细检查预制件，确保无杂质、裂纹存在。扩张时不得损伤预制件，控制预制件扩张时间不得过长，一般不宜超过 4h。

（4）压接连接管。要求压接前应检查一遍各零部件的数量、方向，有无缺漏，安装顺序是否正确。确认导体尺寸、压模尺寸和压力要求，按工艺图纸要求，准备压接模具和压接钳，按工艺要求的顺序压接导体。压接完毕后，要求检查压接延伸度和导体有无歪曲现象。压接完毕后对压接部位分进行处理，压接部位不得存在尖锐和毛刺。

1）根据工艺要求安装连接管屏蔽罩（如有）。要求屏蔽罩外径不得超过电缆绝缘外径。

a. 导体连接方式宜采用机械压力连接方法，建议采用围压压接法。

b. 采用围压压接法进行导体连接时应满足下列要求：①压接前应检查核对连接金具和压接模具，选用合适的出线杆、连接管压接模具、钳头和压泵；②压接前应清除导体表面污迹与毛刺；③压接时导体插入长度应充足；④压接顺序可参照《电力电缆导体用压接型铜、铝接线端子和连接管》（GB/T 14315—2008）中附录 C 的要求；⑤围压压接每压一次，在压模合拢到位后应停留 10～15s，使压接部位金属塑性变形达到基本稳定后，才能消除压力；⑥在压接部位，围压形成的边应各自在同一个平面上；⑦压缩比宜控制在 15%～25%；⑧分割导体分块间的分隔纸（压接部分）宜在压接前去除；⑨围压压接后，应对压接部位进行处理，压接后连接金具表面应光滑，并清除所有的金属屑末、压接痕迹，压接后连接金具表面不应有裂纹和毛刺，所有边缘处不应有尖端，电缆导体与线端子应笔直无翘曲。

2）根据工艺要求安装接管屏蔽罩（如有）。要求屏蔽罩外径不得超过电缆绝缘外径，电缆接头部位保持笔直度。

（5）接头主体预制件安装定位。以屏蔽罩中心为基准确定预制件最终安装位置，做好标记。清洁电缆绝缘表面，用电吹风将绝缘表面吹干后在电缆绝缘表面均匀涂抹硅油，并将预制件拉到接头中间位置。使用专用工具抽出已扩径的预制件。将预制件安装在正确位置。要求预制件定位准确。定位完毕应擦去多余的硅油。110kV XLPE电缆预制式中间接头整体示意如图4-14所示。

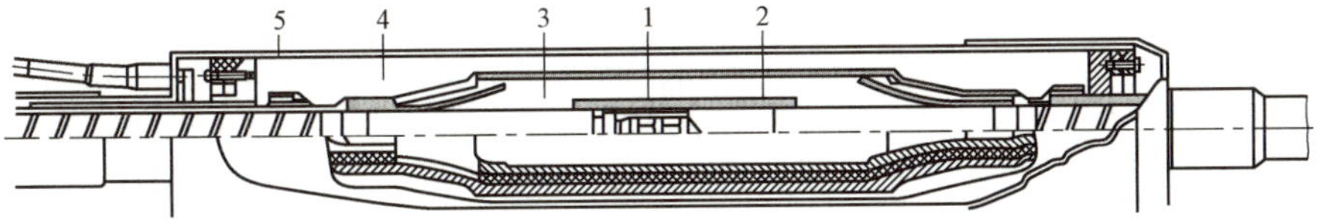

图4-14 110kV XLPE电缆预制式中间接头整体示意

1—导体连接；2—高压屏蔽；3—预制橡胶件；4—空气或浇筑防腐材料；5—保护外壳

（6）带材绕包。根据工艺图纸要求，绕包半导电带，绝缘带。要求绕包尺寸及拉伸程度符合工艺要求。

1）直通接头主体预制件外表面上需通体绕包半导电带并与电缆外半导电层搭接。

2）绝缘接头主体预制件上有绝缘隔断环，除绝缘隔断环部位禁止绕包半导电带，其余外表面上均需绕包半导电带，并与电缆外半导电层搭接。

（7）接地与密封处理。

1）接头金属保护盒与金属护套进行接地连接时可采用搪铅方式或采用接地线连焊接等方式。

2）接头金属保护盒密封可采用搪铅方式或采用环氧混合物/玻璃丝带等方式。

3）采用搪铅方式进行接地或密封时，应满足以下技术要求。

a. 封铅要与电缆金属护套和电缆附件的金属套管紧密连接，封铅致密性要好，不应有杂质和气泡。

b. 搪铅时不应损伤电缆绝缘，应掌握好加热温度，搪铅操作时间应尽量缩短。

c. 圆周方向的搪铅厚度应均匀，外形应力求美观。

4）中间接头铜保护管与金属护套采用焊接方式进行接地连接时，跨接接地线截面应满足系统短路电流通流要求。

5）采用环氧混合物/玻璃丝带方式密封时，应满足以下技术要求。

a. 金属护套和中间接头铜保护管需要绕包环氧玻璃丝带的地方应采用砂纸进行打磨。

b. 环氧树脂和固化剂应混合搅拌均匀。

c. 先涂上一层环氧混合物，再绕包一层半搭盖的玻璃丝带，按此顺序重新进行该工序，直到环氧混合物/玻璃丝带的厚度超过 3mm 为止。

d. 每层玻璃丝带下方为环氧涂层，应使每层玻璃丝带全部浸在环氧混合物中，避免水分与环氧混合物接触。

e. 确保环氧混合物固化，时间宜控制在 2h 以上。

6）接地安装工作应满足以下技术要求。

a. 安装接地箱/接地线时，接地线与接地线鼻子的连接应采用机械压接方式，接地线端子与中间接头铜保护管的连接宜采用螺栓连接方式。

b. 同一条线路的接地线布置应统一，接地线排列及固定、中间接头铜保护管的方向应统一，且为今后运行维护工作提供便利。

c. 应采用带有绝缘层的接地线通过接地箱与中间接头接地网相连，接地线的固定与走向应符合设计要求，整齐划一，美观有序。

d. 中间接头接地连接线应尽量短，连接线截面应满足系统单相接地电流通过时的热稳定要求，连接线的绝缘水平不得小于电缆外护层的绝缘水平。

e. 根据工艺和图纸要求，将同轴电缆或绝缘接地线与绝缘接头或直通接头连接好，并与交叉互联箱连接良好。要求连接牢靠，交叉互联换位方式满足设计要求。

（8）质量验评。根据工艺和图纸要求，及时做好现场质量检查、终端制作安装记录表填写工作。要求通过过程监控与验收，确保终端安装质量。高压电缆中间接头安装主要工艺流程如图 4-15 所示，电缆接头验收条件见表 4-10。

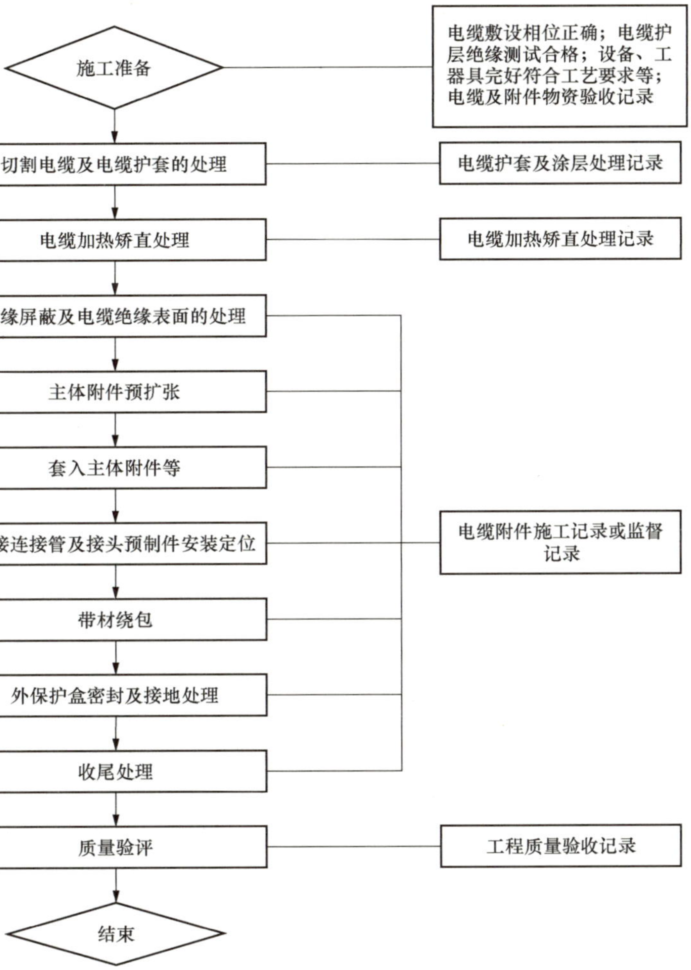

图 4-15　高压电缆中间接头安装主要工艺流程

表 4-10　电缆接头验收条件表

序号	验收条件
1	符合有关施工工艺要求及《电力电缆线路验收标准》
2	有关接头报表符合要求
3	接地与换位符合要求
4	电缆接头标识、铭牌符合要求
5	电缆接头密封、防水处理符合要求

4.3 典型工程施工案例

4.3.1 东海大桥高压电缆工程

洋山深水港 110kV 降压站进线电缆线路从上海南汇区新建的 220kV 临港站 110kV GIS 室出线，通过新建电力排管敷设至东海大桥 1 号竖井，再经过约 27km 桥梁敷设至洋山岛 2 号竖井，随后通过洋山岛上新建电力排管及隧道进入港区的 110kV 小洋山站，线路总长约 38km，线路走向如图 4-16 所示。

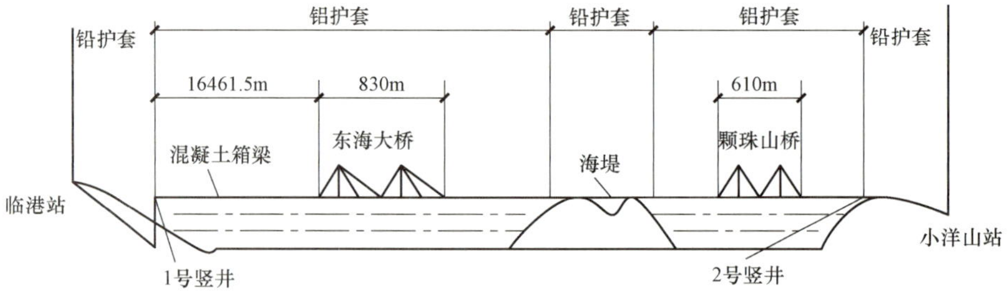

图 4-16 线路走向

该工程使用的 1×630mm² 110kV XLPE 电缆由沈阳古河电缆公司提供；陆上段电缆的金属护套采用的是耐腐蚀性较强的 YJQ03 型铅护套，桥上部分选用 YJLW02 型铝护套电缆。全程分 53 个敷设段，双回路 6 根共计 318 盘电缆；中间接头 324 相（其中 GIS 终端 12 相、绝缘接头 300 相、直通接头 12 相）。

施工过程分为支架安装、电缆敷设和电缆接头制作 3 个部分，受工期限制，3 道工序同时交替进行。

安装工作从 2004 年 10 月开始，到 2005 年 8 月全部完成，电缆支架总重量约 2000t，其中包括工井、混凝土箱梁、管线桥、接头区、进出箱梁、伸缩缝、东海大桥主通航孔、颗珠山钢箱梁平台、电力隧道、站内等 10 余种形式。

支架与预埋件、接地扁铁之间全部采用焊接的方式连接，为防护跨海环境盐雾腐蚀的影响，电缆支架全部采用喷锌防腐处理。经过现场实测，大桥段的接地电阻不大于 0.24Ω。

1. 电缆安装位置

洋山深水港电缆工程电缆线路的敷设形式多样，陆地部分包括电缆排管、电缆竖井、电缆隧道等敷设方式；桥上部分包括电缆敷设于混凝土箱梁内、管线桥上及斜拉索桥钢箱梁3种。洋山深水港电缆工程电缆敷设场景如图4-17所示。

(a)　(b)　(c)

图4-17　洋山深水港电缆工程电缆敷设场景

(a) 混凝土箱梁；(b) 管线桥上；(c) 斜拉索桥箱梁内

2. 电缆敷设方式

东海大桥和颗珠山大桥上敷设电缆的箱梁主要由混凝土箱梁、大桥斜拉索段的钢板梁、大桥斜拉索段箱梁3种形式构成。

在混凝土箱梁部分，考虑到感应电压不超过规程，出于改善电缆散热条件及方便运行维护，采用的电缆布置为水平排列，其电缆敷设断面如图4-18所示。

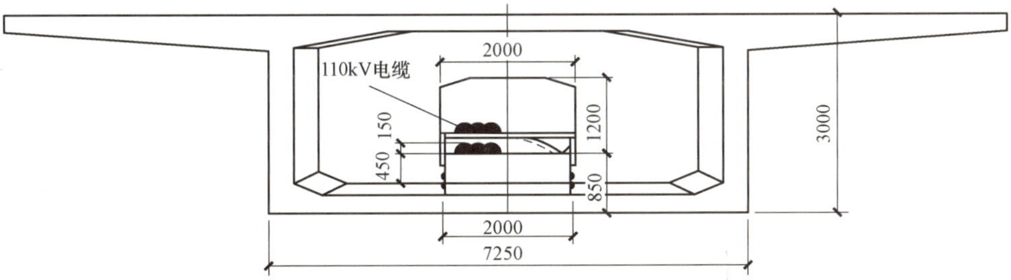

图4-18　穿越混凝土箱梁电缆敷设断面

颗珠山大桥斜拉索段每隔4～4.5m有一道钢板梁。电缆需穿越钢板梁，采用水平布置会在钢板梁中产生闭合磁回路，出现环流损耗，因此该段采用品字形布置，其电缆敷设断面如图4-19所示。

东海大桥斜拉索段，箱梁为密闭空间，散热条件较差，因此除进口、出口以及穿越

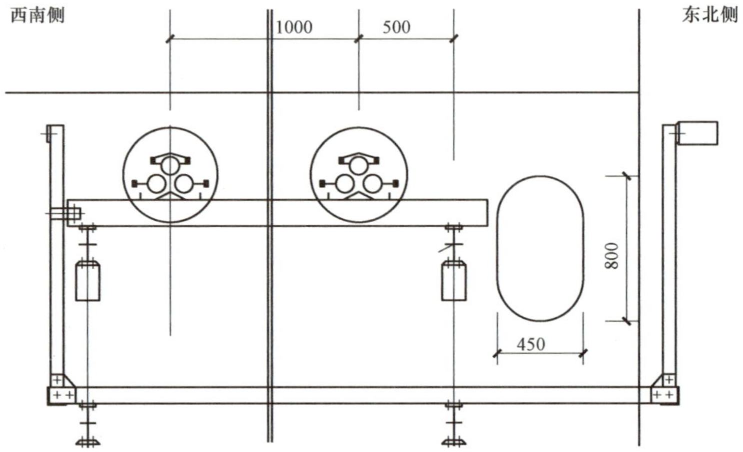

图 4-19 穿越颗珠山大桥钢板梁电缆敷设断面

钢板梁的地方采用三角形布置，其余区段均采用水平布置，改善散热条件。

3. 蛇形敷设

洋山深水港电缆工程中，大桥段全线采用蛇形敷设，以吸收电缆内部的热机械力，防止电缆产生不规则的热伸缩滑移现象。根据经验，蛇形的波峰与波谷间距取 1～1.5D（D 为电缆外径），机械力吸收效果较好。洋山工程中桥上采用 YJLW02 110kV 电缆，外径 D＝100.3mm±2mm，采用蛇形的波峰与波谷间距 125mm，波形节距 6m。

洋山深水港电缆工程中的电缆接头从材料、结构到工艺都进行了特殊考虑：①接头预制件采用三元乙丙橡胶材料，它具有优良的电气性能，且机械强度中的主要指标也远高于常规采用的硅橡胶材料；②采用大扩径、全预制结构，缩小了接头尺寸，同时附件大部分在工厂制造完成，减少附件现场安装工作量，降低了现场环境对制作接头质量的影响。

道路负荷、温度变化以及风力的影响会使桥梁在伸缩缝处出现折角或伸缩，如颗珠山斜拉索桥纵向最大伸缩量为±480mm。为了克服桥梁的上述变化对电缆造成不利影响，洋山深水港电缆工程从日本引进了电缆伸缩吸收装置（OFFSET）。

整个工程中共使用小型 OFFSET 共 73 套，安装在混凝土箱梁伸缩缝处。OFFSET 一侧固定在桥体上，另一侧将电缆呈 Ω 形固定在装置上，如图 4-20 所示。

小型 OFFSET 的主要部件是一块不锈钢滑板，上面有 3 个可 360°旋转的电缆夹具，当桥梁移动时，它带动电缆随桥体纵向伸缩而自由变位，如图 4-21 所示。

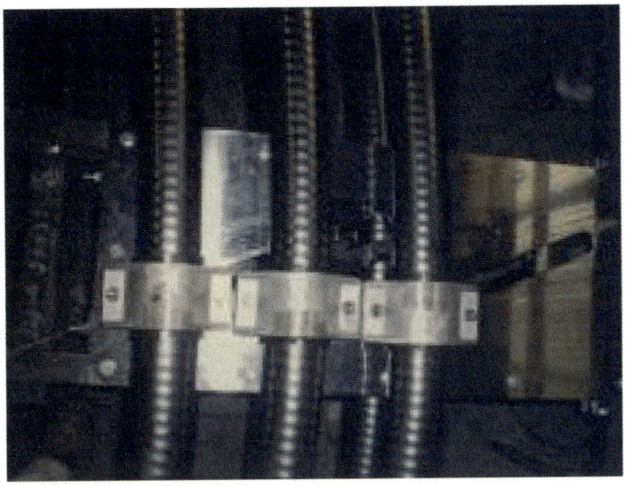

图 4-20 OFFSET 的 Ω 形部分

图 4-21 小型 OFFSET 的主要部件

该工程中使用大型 OFFSET 共 4 套，分别安装在两座斜拉索桥两侧。与小型 OFFSET 不同，大型 OFFSET 设置可在水平和垂直方向均能自由旋转的万向节，以适应桥体沿垂直或水平方向变化时产生的折角。大型 OFFSET 的折角吸收万向节如图 4-22 所示。

当电缆伸缩力达到一定数值，大型 OFFSET 装置的滑动车轮沿轨道运动，带动电缆随桥身纵向伸缩而变位，达到保护电缆的目的。大型 OFFSET 的滑动车轮部分如图 4-23所示。

图 4-22　大型 OFFSET 的折角吸收万向节

图 4-23　大型 OFFSET 的滑动车轮部分

4.3.2　佛山东平大桥高压电缆工程

东平大桥为悬拱桥结构，全长（伸缩缝～伸缩缝间）578m，主跨 300m，为双向六车道设计。在大桥的伸缩缝处，电缆经上下桥构架、伸缩装置进入桥上栈道。电缆在桥上蛇形敷设约 580m，再经过大桥另一端伸缩缝处的伸缩装置、上下桥构架进入地面敷设。

东平大桥最大伸缩情况为 240mm，其伸缩装置应能保证当桥梁在 0～240mm 范围内伸缩变形时，敷设在装置上的电缆任意一点弯曲半径不小于其最小允许弯曲半径（最小

允许弯曲半径 $20D$，即 $20\times140\text{mm}=2800\text{mm}$）。

东平大桥电缆伸缩装置的设计是利用圆弧结构弯曲变化的机械物理性能，实现桥梁伸缩变化时，装置在受拉和受压的情况下均匀变化，避免电缆产生局部弯曲现象。

伸缩装置钢板的两端固定在两块普通钢板上；普通钢板与槽钢或角钢相连接，再分别固定在空隙两侧的栈道和上下桥构架上。敷设在钢板上的电缆使用夹具固定，以控制其在该段圆弧上的形状。当桥梁伸缩缝发生变化，钢板将带动电缆产生伸缩变形。桥梁伸缩缝变化说明如图 4-24 所示。

伸缩装置钢板变形能够较好地控制电缆的弯曲半径，使其不会小于最小允许弯曲半径，有效防止电缆金属套疲劳，有利于电缆的安全运行。

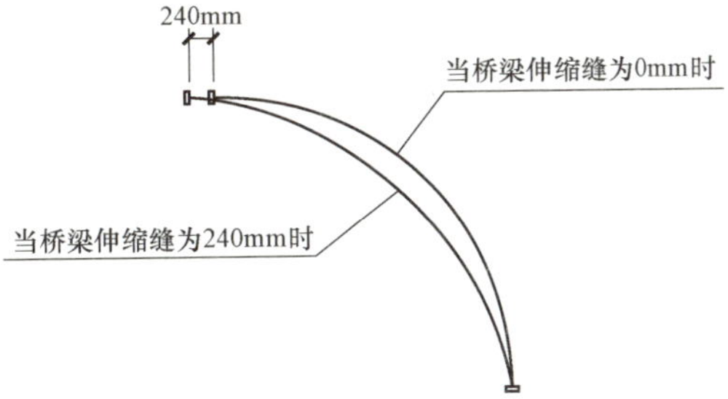

图 4-24　桥梁伸缩缝变化说明

考虑东平大桥伸缩量、电缆敷设形式、上下桥构架和栈道结构设计、电缆伸缩装置尺寸、制造加工和工程造价等因素，这种伸缩装置更适用于该项目。为了更好吸收钢板在桥梁伸缩变化时的变形量，电缆伸缩装置的钢板形状改为大于 1/4 圆弧。

东平大桥电缆伸缩装置如图 4-25 所示。电缆在伸缩装置上采用水平排列方式。为防止桥梁伸缩时对电缆造成破坏，伸缩装置两端用固定夹具、中间使用限位夹具将其固定在装置上。

图 4-25　东平大桥电缆伸缩装置

4.4 舟岱大桥电缆工程施工

4.4.1 钢平台施工

1. 总体方案

由于电缆设备钢平台是通过在箱梁腹板及翼缘板设置预埋结构，再通过安装吊杆和钢牛腿，铺设平台组件实现平台的安装。目前本项目总体施工进度已经滞后合同节点要求，若在箱梁预制前埋设预埋结构，对箱梁预制进度有较大影响，故考虑在腹板和翼缘板部位改为设置锚固结构，并在箱梁架设完成后再安装。

钢平台总体施工思路：先进行待安装钢平台的箱梁腹板预应力束探测并标记钢牛腿锚固位置，钢平台组件先在预制场内完成生产，海运至桥位，利用桥面设置的起吊装备及作业平台进行腹板、翼缘板钻孔，完成锚固结构安装，再依次安装钢牛腿、吊挂结构及平台纵横梁、面板及防护结构。

2. 工艺流程

电缆钢平台施工流程如图 4-26 所示。

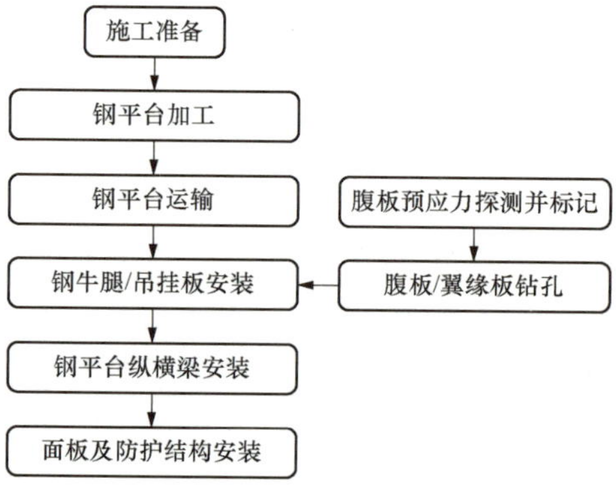

图 4-26 电缆钢平台施工流程

3. 材料加工运输

钢平台各组件在预制场内进行下料加工，并根据设计要求进行防腐和防火涂装。钢平台组装成满足吊装要求的小构件分批运输至桥位。

4. 腹板预应力探测

经查阅相关文献及技术资料，对于成品箱梁预应力探测，建议使用探地雷达进行探测，需调研并试验适用探地雷达，并组织专业队伍进场作业。

5. 腹板及翼缘板钻孔

根据预应力探测结果进行标线确定钻孔位置，采用钻孔取芯机进行钻孔。箱梁腹板钻孔施工示意如图 4 - 27 所示。

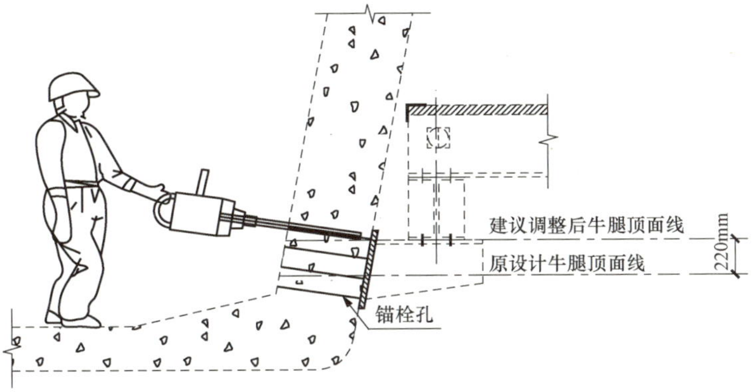

图 4 - 27 箱梁腹板钻孔施工示意

箱梁翼缘板钻孔也按此方法施工，施工人员在箱梁顶面进行钻孔作业。同时建议翼缘板顶部的锚固钢板设置在混凝土顶面以上，安装锚栓及锚固钢板后，通过砂浆进行抄垫，更加有利于钢构件的防水。

6. 腹板钢牛腿及翼缘吊挂板安装

腹板处钢牛腿及翼缘板下方的吊挂结构安装均在左右幅箱梁架设完成后进行，安装前需安装施工操作平台及钢构件起吊设备。桥面移动式作业平台和钢平台牛腿简易起重设备布置分别如图 4 - 28 和图 4 - 29 所示。

7. 钢平台纵横梁安装

由于钢平台纵横梁杆件数量较多、单个构件较长，且需吊装转向、对位等作业，需利用桥面汽车吊进行吊装作业。拟配置 25t 汽车吊用于吊装钢平台纵横梁，施工人员需在桥面移动式作业平台上进行安装对位作业。桥面汽车吊安装钢平台纵横梁示意如图 4 - 30所示。

8. 面板及防护结构安装

在电缆钢平台纵横梁安装完成后即可进行斜向连接安装，并铺装钢格栅板，安装防

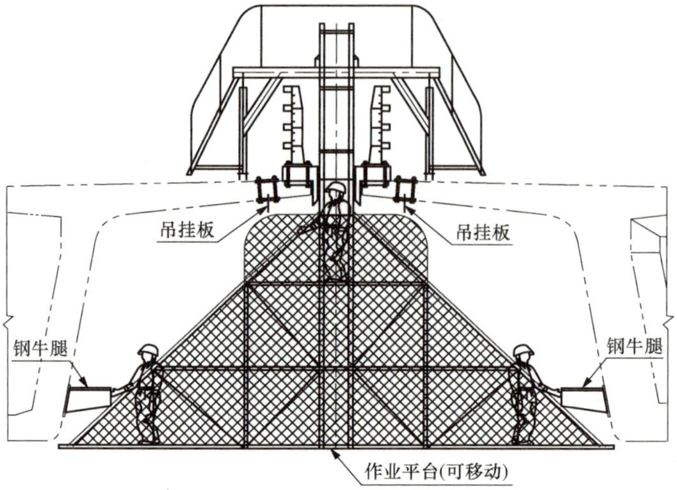

图 4-28 桥面移动式作业平台

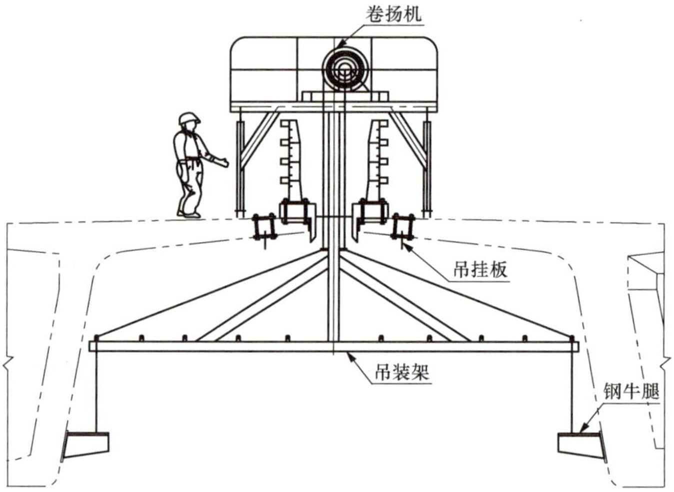

图 4-29 钢平台牛腿简易起重设备布置

护栏杆及纵横梁防护装置。此项作业可先将要安装的构件吊装至箱梁顶面，再利用汽车吊配合进行铺设和安装。

4.4.2 OFFSET 运输方案

随桥电缆伸缩补偿装置（OFFSET）由底座、运动部分、折角机构等几部分组成，采用槽钢、钢管、钢板等型材制作，除钢板外大部分构件为长条形，可以通过安装电缆的方式，从桥面吊装入电缆钢平台。

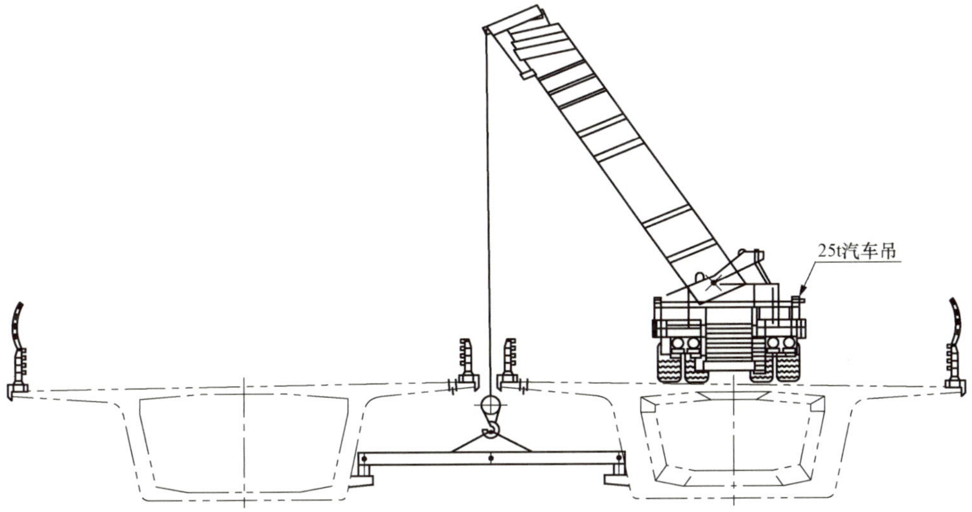

图 4-30　桥面汽车吊安装钢平台纵横梁示意

钢板作为 OFFSET 主要受力及伸缩部件，长约 6.5m，宽 1m，并且钢板是圆弧形，运输安装相对复杂，主要有以下几种方案：①在桥梁投运前，临时栈桥未拆除，钢板可以通过栈桥运输到大桥下相应位置，从桥面下放缆绳起吊至大桥钢平台，钢平台钢格板需要临时拆除；②在桥梁投运前，从大桥伸缩缝处，在桥梁伸缩缝装置未安装前，从桥梁外侧吊入桥梁内侧钢平台；③在桥梁投运后，需要拆除桥梁护栏，拆除电缆敷设钢平台护栏，钢板制作圆弧形固定框架，钢板从两幅大桥之间 50cm 缝隙中下放。

上述几种方案中，方案①钢板从栈桥吊装，虽然吊装高度较高，但对钢平台及桥梁相对制约少，吊装相对简便；方案②对大桥施工进度有影响，不利于实施；方案③在钢板下放过程中，需要不断调整钢板倾斜角度才能保证顺利下放，施工较为困难。所以，推荐采用方案①，电缆伸缩装置主要部分钢板的运输在桥梁临时栈桥拆除前吊装。

4.4.3　钢平台处电缆敷设

由于在跨海大桥投运后施工敷设，电缆敷设将较为困难，主要考虑以下两个方案。

1. 电缆从海中吊装入钢平台

由于大桥距海面较高，电缆采用普通的吊装无法起吊，并且受大桥保护范围限制，船只无法靠近普通混凝土箱梁底部，所以电缆从海中吊装方案基本不可行。

2. 电缆先运输至大桥上，再通过桥面中间缝隙敷设入钢平台

电缆从桥面敷设，需要利用两幅桥梁中间 50cm 缝隙，并且拆除大桥桥面护栏和电

缆钢平台护栏。电缆从桥面展放示意如图 4 - 31 所示。两幅桥梁钢平台中间有 10cm 缝隙，在钢平台护栏拆除后，在两座钢平台之间临时铺设木板，利于施工人员在平台上作业。当拖放电缆时，电缆从桥面到达钢平台，需要满足各处的转弯半径均大于 3.2m。

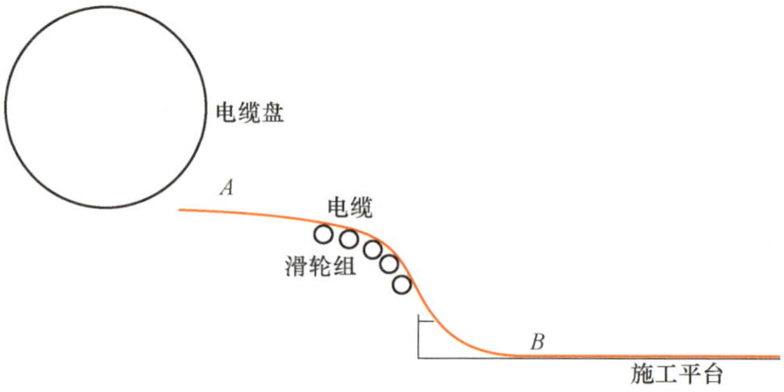

图 4 - 31 电缆从桥面展放示意

4.4.4 钢箱梁内电缆敷设

1. 边界条件

对于钢箱梁段电缆敷设，存在以下几方面边界条件。

（1）根据与桥梁设计对接，目前在钢箱梁横隔板上，左右对称预留两个电缆穿孔，尺寸为 50cm×70cm，两孔间距 2.73m。

（2）与钢箱梁对接的混凝土箱梁之间架设大 OFFSET 支撑型钢平台，大 OFFSET 装置在电缆敷设前不组装，钢平台作为电缆施工平台。平台与南通航孔桥南侧间距为 370mm，与其余孔间距为 870mm。

（3）电缆采用单芯 2500mm^2 截面交联聚乙烯皱纹铝护套低烟无卤外护套的阻燃电力电缆，电缆直径约为 16cm，单位重量约为 40kg/m。

（4）电缆接头布置原则减少电缆接头数量，且需布置在靠近箱梁桥墩附近，因此南通航孔桥箱梁内布置 1 处接头，单段电缆在钢箱梁内最长敷设长度 570m，在主通航孔桥箱梁内布置 1 处接头，单段电缆在钢箱梁内最长敷设长度 810m，电缆接头长度约为 2.5m。

（5）在电缆接头处设置防火防爆措施，在该工程中主要考虑防火防爆毯。

（6）由于钢箱梁为焊接整体结构，过多过密的运维通道预留将影响箱梁自身结构稳定性，大桥方面反对增加单独线路运维通道，对电缆穿孔尺寸也尽可能缩小，所以钢箱梁段施工运维通道利用桥梁设置的通道，电缆安装位置示意如图 4 - 32 所示。钢箱梁横隔面上左右对称预留两处通道，高 1.8m，宽 1m，并且在钢箱梁内全线贯通。

图 4-32　电缆安装位置示意

（7）在钢箱梁电缆穿孔四周，提前预留 8 孔 ϕ22 电缆夹具、施工安装孔。

（8）钢箱梁内主要影响电缆施工的是钢箱梁内除湿机，根据与大桥设计方对接，目前电缆通道已避让除湿机布置空间。

2. 安装准备与电缆敷设

在电缆安装前，利用电缆穿孔周围的安装孔，固定滑轮组，并在钢箱梁内部按常规电缆敷设方式布置牵引机和输送机，电缆从钢平台过渡，直线进入横隔板电缆穿孔。电缆敷设示意如图 4-33 所示。

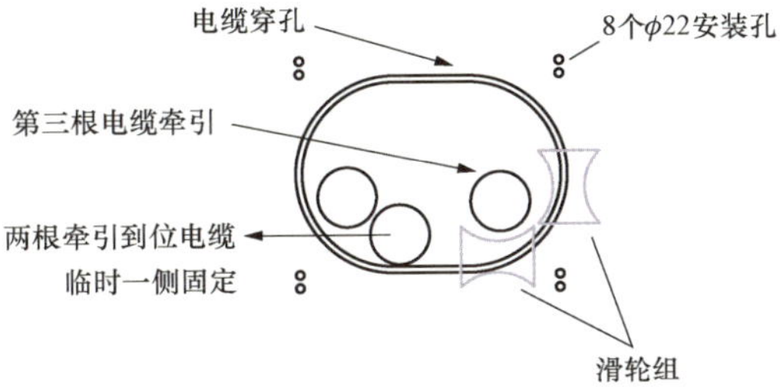

图 4-33　电缆敷设示意

3. 电缆接地箱与夹具

电缆牵引到位后，在桥墩附近横隔板间距为 3400mm 的隔舱内，制作电缆接头，每个隔舱布置一个电缆接头，就近设置壁挂式电缆接地箱。利用钢箱梁横隔板作为支撑，安装品字形电缆夹具，电缆夹具按电缆穿孔上沿和下沿交替布置（间距小于 3m 隔舱，夹具不交替），电缆采用垂直蛇形敷设。

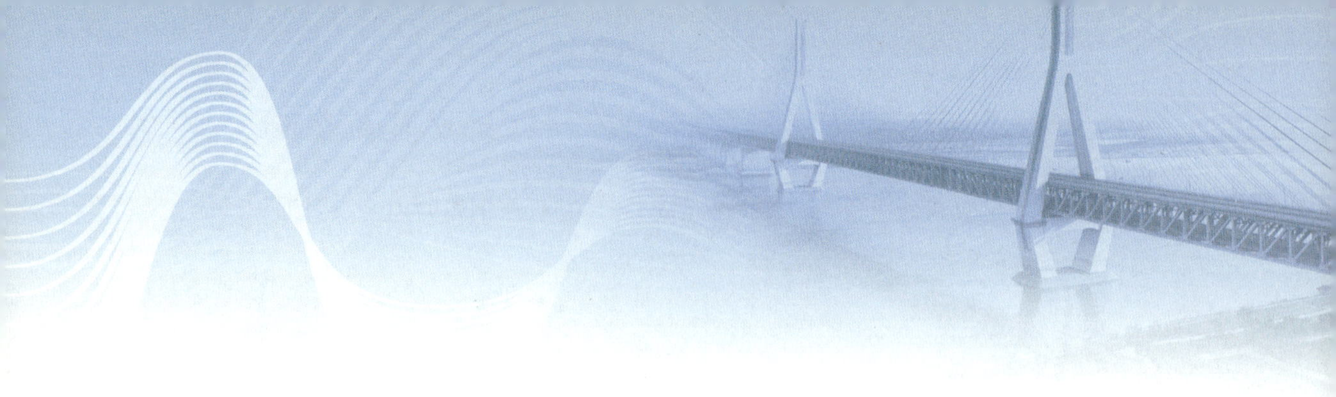

第 5 章　桥梁电缆线路的运行维护

5.1　桥梁电缆运维总体要求

5.1.1　应急保障

应针对桥梁上电力电缆系统设备的不同要求和设备故障预防制度，结合实际制定一套切实可行的保障机制，明确工作职责、工作内容、工作程序和相应的维护制度、保养制度、日常例行检查制度、备案制度。延长设备寿命，预防设备故障，及时消除设备故障隐患，提高设备的使用率。

1. 供电及照明系统

电力通道内的主要用电负荷为照明、风机、水泵、监控系统、施工等，对供电可靠性要求较高，通道断电将影响电力设备的安全运行。

2. 通风系统

桥梁电力通道内有无通风机，通风系统运行情况如何，对电缆输送容量有很大的影响。根据对大桥箱梁内及管线平台的调查，目前主要的通风手段是通过腹板上的透气孔。

3. 排水系统

一般大桥在混凝土箱梁中设置有排水用的泄水孔洞，箱梁内不可能有大量积水，箱梁内安装的支架及敷设电缆不需要按长期浸水考虑。

4. 消防系统

近年来国内外各类与消防相关的技术日益完善，如110～500kV超高压电网中继电保护，所有电力线路都配有两套原理不同的主保护，遇故障时线路保护全线速动，主保护动作时间小于0.2s，后备保护动作时间小于0.6s，动作可靠性非常高。又如电力电缆的结构在不断改良，现在不仅交联电缆的使用已非常广泛，而且采用低烟、低卤护套的阻燃电缆制造工艺亦日趋成熟。再如检测装置的性能不断提高，功能不断增加，电力电缆的火灾事故已得到了有效的防范。但防火工作依旧不能松懈，因为火灾不仅影响大桥的正常运行，而且会影响桥上电缆的正常供电，建议采取以下措施。

(1) 电气措施。

1）采用阻燃交联电缆。

2）使用性能优异的预制式电缆接头。

3）高压电缆线路不采用重合闸。

4）采用有效的继电保护措施，确保在线路过负荷或电网故障时能将故障线路快速切除。

(2) 防火措施。

1）对通道内高压电缆建立温度实时监测、报警系统，对异常情况及时报警。

2）加强电缆接头区域的防火措施。

3）电缆孔洞等部位应实施有效的防火封堵。

4）电缆放置在专用的防火槽盒中。

5. 通信系统

电力通道应建立永久性通信系统，通信系统应接至大桥监控室，并与外部通信系统接通。应定期检查电力通道内的通信系统能否正常使用。通信系统应与电力通道监控中心、电力通道管理部门建立热线电话，并明确责任人，以确保信息畅通及时。

6. 通道标识

(1) 通道标识。通道的进出口处应设置电力通道简介牌；通道内每隔200m应设置电力通道标识牌一块（注明该处通道的名称、在通道内的相对位置及最近的出入口方向、距离）。

(2) 设备标识。应在通道内的辅助设施旁设置设备铭牌，铭牌内应注明设备的名称，必要时注明基本数据及使用方式、注意事项。

（3）指示、警告标识。在通道内应设置标识牌。设逃生指示牌，并具备防火、防停电功能，万一电力通道内发生火灾等事故时，指示牌亮起，引导电力通道内人员沿最近的检修通道转移到安全地点。

5.1.2 监测系统

由于通道结构、管理制度等原因，不可能经常对桥梁电力通道进行人工巡视，主要依靠自动监控系统来实时掌握通道的各方面状况，建议为电力通道配备一套功能完备的监控系统。监控系统由一个监控中心和多个监控单元组成，各个监控单元均有自检功能，监控系统自身出现故障时及时报警。

1. 监控中心

通过电力系统的内部网与位于电力通道的各监控单元进行数据通信，监控单元的信息实时上报给监控中心。

2. 照明监控单元

电力通道的照明系统，既可由两座工井内的控制箱进行两地双向控制，也可由监控中心远程控制，其开启状态上传到监控中心。

3. 通风系统

电力通道的通风系统既可当地操作，也可由监控中心远程遥控，它的动作情况实时上报到监控中心。

4. 门禁监控单元

电力通道两端的工井设门警系统，有权限卡的人员方能进入。门警系统还包括摄像头和红外感应功能，可将人员出入情况实时上报到监控中心。

5. 消防监控单元

电力通道的防火门可根据火警自动关闭，还可当地控制，也可由监控中心远程控制。防火门的开闭状态、火警检测装置的数据都实时上传到监控中心。

6. 桥上位移及振动监测单元

桥梁在汽车荷载、温度荷载、风荷载、地震荷载等作用下会产生纵向变形，在梁端会发生伸缩。电缆敷设时，根据桥上的不同位置、伸缩量，设置不同跨度的伸缩弧装置来吸收桥梁的伸缩。

尽管电缆敷设时采取了一些措施，还应该及时掌握振动及位移的实时数据。应将振动及位移传感器安装在电缆上，实时将监测数据传至监控中心，并存储在数据库中，超过限值时报警提醒。

7. 电缆表面温度检测

目前，高压电力电缆采用的在线监测方案主要为电缆表面温度监测。由于不少电缆故障早期会造成电缆的温度升高，因此电缆表面的温度是电缆安全运行的一个重要参数。

测温系统中，大桥上放置两台光端机，每隔1min左右测量电缆表面的温度，并通过通信光缆将信号传送至对侧站控制室内终端装置，以供运行人员随时监测。另外采用电缆在线监测温度装置，可以设置温度预警信号，在电缆及电缆头非正常升温后会自动报警，一定程度上可以避免事故的发生。

8. 局部放电在线监测

（1）XLPE树枝状老化特性。电缆在实际运行中不仅承受交流电压的作用，也不可避免地承受交流电压与雷电过电压或操作过电压的联合作用。在交流叠加冲击电压下对XLPE树枝状老化特性的研究表明下列结论。

1）当交流电压的幅值超过一定值时，其电树枝的冲击电压起始值（起晕电压），随预加交流电压幅值的增大而减小。

2）冲击电压的累积效应对XLPE电缆中电树枝的冲击电压起始值有很大影响，会引起冲击电压起始值的急剧下降。

（2）对局部放电的在线监测。随着超高压输电技术的发展，对局部放电的在线监测已经成为一个不允许回避的问题。对XLPE电力电缆用局部放电法进行监测，目前较有效的在线监测方法有脉冲电流法和超高频频谱分析法。

9. 介损测量

测量线路电压与流经绝缘体的电流（由电缆接地线中测出）的相位差，从而求出$\tan\delta$的大小，判定电缆的好坏。由于$\tan\delta$反映的是普遍性的缺陷，而个别较集中的缺陷，不会引起$\tan\delta$值的显著变化。因此$\tan\delta$法对电缆全长老化监测有效，对局部老化则很难监测。此外，XLPE电力电缆的$\tan\delta$本身较小，容易受到干扰而无法准确测出。

10. 工频泄漏电流法

对于 110kV 及以上电压等级的 XLPE 电力电缆，一般做成单芯结构。在安装时为了减小通过金属屏蔽层上的感应电压，将金属屏蔽层做成交叉互联的方式并且一端接地。交叉互联点及不接地端须加装保护器，用以保护层绝缘。对于这种高压单芯 XLPE 电力电缆可以通过测量典型工作电压下的泄漏电流值来反映绝缘特性。

5.1.3 巡视维护

《电力电缆运行规程》中规定："敷设在土中、隧道中以及沿桥梁架设的电缆，每 3 个月至少巡查 1 次，根据季节及基建工程特点应增加巡查次数。"

桥梁电缆管理有较大的特殊性，由于管理制度、通道结构等原因，不可能经常对大桥电缆通道内部进行人工巡视。所以，主要依靠完善的自动监控系统来实时掌握电力通道的各方面状况，同时适当减少工人巡视的频率，并加强对人员进出电力通道的管理和限制。

1. 桥梁电缆及附属设备的运行维护

在桥梁电缆竣工投运前同桥梁管理部门明确桥梁电缆通道的资产归属、管理职责、设备分界以及维保分工，并确立对口联系人。对于大桥电缆出入口需安装电缆出入口标识牌，便于桥上电缆巡检定位。

根据超高压电缆运行维护工作要求，定期开展电缆设备巡视、检测、维护工作。

(1) 巡视工作。对于大长度的桥梁电缆每年完成一次巡检工作及 OFFSET 装置设备检测维护工作。根据工作规范，日常巡视工作应结合每年线路周期性检测工作来完成。

(2) 检测工作。根据检修周期要求，需对桥梁通道内电缆进行感应电流检测、接地电阻检测、局部放电检测，检测周期分别为 1、3、5 年。

(3) 停电维护工作。结合线路停电进行电缆护层检测、阀片检测等维护工作。

(4) 大修工作。结合每年对电缆附属设备巡检工作情况隔年滚动上报，并落实实施。

2. 桥上电缆监控

由于桥梁电缆通道内还可能混有中低压电缆及其他各类附属设备，其设备的日常巡检、维护由不同单位人员完成，不利于电缆的安全运行和统一管理。因此建议桥上敷设电缆安装电子监控系统，对电缆接头及出入口等处安装红外遥视监控设备，除了可以对电缆接头等附属设备进行常规外表检查，还可以在有人出入时进行监控记录。日常检测工作中可考虑感应电流及接地电阻监测，将实时感应电流及接地电阻值上传管理系统。

3. 进出桥梁高压电缆通道注意事项

（1）桥梁通道内施工管理要求。任何进入电缆通道（或涉及电缆周围）的施工都需要得到大桥管理部门批准并告知电缆运行单位。

1）涉及运行电缆区域的施工。施工单位在施工前将施工方案、保护措施等资料提交电缆运行单位，电缆运行单位根据具体的施工内容提出电缆保护要求，并办理施工许可证，从而现场配合施工方完成施工。

2）不涉及运行电缆区域的电缆通道内施工。桥梁管理部门应该审核施工单位人员资质、施工内容等情况，并遵循电缆公司相关施工规定，在批准施工后应派专人监控管理。同时电缆运行部门也应该利用摄像监控设备对设备进行监管。

（2）异常情况通报。本着谁主管谁负责的原则，桥梁管理部门如发现电缆存在异常情况时，须及时通知电缆运行单位。同样，电缆运行单位在巡检中若发现桥梁通道内其他设备或附属设备（水泵、照明等）缺陷，也应及时通知桥梁管理部门相关对口联络人。事件通报及处理后的确认须有书面记录，确保设备完好。

（3）感应电压防范注意事项。根据设计，在电缆线路正常运行时护层有感应电压，因此对线路任何设备（包括换位箱、同轴电缆、电缆护层等）进行操作时均应按有电设备来对待，根据电力安全工作规程作好相应的、足够的安全措施。

4. 桥梁电缆通道的防火管理

（1）电缆运行管理部门负责管理桥梁电力通道内的各种防火设施和消防器材，应按消防规定定期进行检查更换，确保其完好有效。

（2）桥梁电力通道内严禁吸烟，未得到批准不得擅自在大桥上动火作业。桥梁电力通道内禁止堆放杂物及易燃易爆物品。

（3）要保证电力通道的辅助系统能够正常使用，应针对系统设备的不同要求和设备故障预防制度，结合实际制定一套切实可行的保障机制，明确工作职责、工作内容、工作程序和相应的维护制度、保养制度、日常例行检查制度、备案制度。延长设备寿命，预防设备故障，及时消除设备故障隐患，提高设备的使用率。

（4）应制定电力通道事故的应急预案，对不明确的部分，通过演习进一步确认。

5. 电缆运行维护管理方案

桥梁电缆管理有较大的特殊性，由于管理制度、通道结构等原因，不可能经常对桥梁电力通道内部进行人工巡视。所以，主要依靠完善的自动监控系统来实时掌握电力通道的各方面状况，同时适当减少人工巡视的频率，并加强对人员进出电力通道的管理和限制。

（1）桥梁电缆的工作许可管理。

1）任何单位进入桥梁电力通道进行巡视、施工、检查、参观，都必须到运行管理部门办理许可手续，并做好相应的个人安全防护措施，由运行管理部门派专人负责打开门锁进行配合。

2）凡需要在桥梁电力通道内进行电缆工程或其他系统工程，施工单位在开工前必须到专业运行管理部门办理施工手续，填写“桥梁电力通道内工作审批表”，并报审施工工艺。

3）施工单位与运行管理部门签订施工配合协议书，明确文明施工和保护其他设备安全、防火、防盗等方面的责任，明确施工现场的设备运行负责人和施工负责人，并按照施工的内容要求，明确定期的检查内容和要求。在施工期间，所采用的工艺或工具不应造成电力通道内的通道堵塞，以保证施工安全。

4）施工单位在施工期间要负责保护好施工区段隧道电力通道内各种设备。严禁随意打孔，拆卸隧道辅助设施；需临时拆开的防火墙等设施，应向专业运行管理部门提出申请，交纳拆改恢复的费用，由专业运行管理部门负责拆改恢复；并列入专业运行管理部门验收内容。

5）工程结束后要进行验收，验收合格后专业运行管理部门在“桥梁电力通道内工作审批表”上签注“验收合格”的意见。

6）紧急事故处理情况下，施工单位可不办理“桥梁电力通道内施工审批表”，但应立即电话通知专业运行管理部门有关人员配合，并事后补办相关手续和进行善后工作。

（2）桥梁电缆的运行管理。

1）专业桥梁电缆运行管理部门应配备依据相关的国家标准制定的专业的规章制度，并建立健全相关的管理制度（岗位责任制、设备责任制、值班和交接班制度、设备检测与检修制度、技术培训制度、工具备件及技术资料管理制度等）。

2）专业桥梁电缆运行管理部门要按桥梁电缆及辅助系统管理和运行的有关规定，负责对已投入使用的桥梁电力通道及辅助系统的巡视维护、运行管理及新建工程的施工配合和验收。定期巡视和及时维修桥梁电力通道内一切设施，保证桥梁电力通道内设施符合安全运行的要求和相关技术标准。

3）电力管理部门和专业桥梁运行管理部门在桥梁电力通道设施设计审查、竣工验收时，应明确技术要求和运行维护要求，对所有的辅助设施系统，专业桥梁运行管理部门均应依据相应的标准制定相应的运行维护周期和内容等制度。

4）桥梁电缆本体或附属设施维修时，若涉及电缆设备主人配合工作，相关单位应积极配合。桥梁电力通道附属设施的运行维护职责实行专业运行管理部门设备责任制，必要时可与其他专业部门订立管理维护合同。

5）人工巡视的周期。每月进行一次路面巡视；每3～6个月进行一次桥梁电力通道内部巡视；通道周边发生重大施工等特殊情况期间，应加强电力通道内外的特巡工作。

6）巡视内容。

a. 路面巡视。巡视人员乘车沿大桥的公路进行一次全程检查，查看桥梁电力通道上方路面是否正常及进出口设施是否完好无缺；电力通道人孔井及进出口处严禁堆置渣土、建筑材料、笨重物体、可燃物、有害化学物等。

b. 电力通道内部巡视。巡视人员对桥梁电力通道内部进行全程检查，查看电缆结构本体有无缺损、形变；检查管线桥伸缩头的位移情况，以及消防、火警、供电、照明、通风、排水、通信、监控、标识等辅助系统是否完好；必要时用红外热成像仪检测是否有局部过热现象。

c. 巡视人员应对巡视情况做详细记录，并保留原始记录以备检查；巡视中如发现有缺陷，应记入缺陷记录簿内，据此编制电力通道的维修计划。

（3）电力通道内作业的安全事项。

1）进入电力通道的作业人员必须严格遵守上级管理部门颁发的安全规程及相应安全管理规定。

2）进入电力通道的作业人员必须戴安全帽、应急照明手电，必要时携带可燃性气体检测仪。电力通道内工作，应至少两人进行，防止发生意外情况。

3）电力通道内工作完毕后，带班人员应集合全体工作人员进行人数清点，无问题时方可关闭进出口，撤离工作现场。

4）桥梁电力通道检修口在正常情况下应处于关闭状态，以免影响公路使用；检修、巡视电缆或紧急情况时可打开。一般情况下，检修口只能从外面打开，禁止人员从内部打开检修口，以免遇到公路上的车辆，造成人身伤害事故。

5）敷设、更换或检修电力通道电缆时，应将检修车开至检修口上方，打开检修口，让检修人员进入；同时打开两侧相邻的检修口，以便通道内人员在出现紧急情况时能及时从最近的检修口返回地面。所有打开的检修口都要用围栏围住，以免公路上的车辆靠近检修口，危及检修人员的安全。

（4）电力通道的资料管理。专业电力通道运行管理部门应负责通道资料的收集、管理、修正，保证通道本体、附属设备及内部电缆资料的准确、完整；并应向公司管理部门提供其所需的通道资料。档案资料的存放管理按照相关的规定执行。电力通道资料包括下列内容。

1）电力通道初设、项目批复资料（立项文件，可行性研究报告，初步设计）。

2）通道占用地下、地上空间的有关使用批复资料（土地使用证，管线、房屋产权证）。

3）电力通道工程前期办理的所有文件（规划、消防、卫生、环保、市政、人防、抗震以及招投标等文件）。

4）电力通道总承包、监理、设计、施工记录、工程决算资料、验收资料（含土建、附属设施等）。

5）电力通道运行记录资料（含土建、电气、附属设施等）。

6）电力通道内电缆运行资料（名称、所属运行单位、运行基本情况等）。

7）电力通道内辅助系统资料。

8）电力通道其他有关资料。

（5）桥梁电缆的防火管理。电缆运行管理部门负责管理桥梁电力通道内的各种防火设施和消防器材，应按消防规定定期进行检查更换，确保其完好有效。桥梁电力通道内严禁吸烟，未得到批准不得擅自在大桥上动火作业。桥梁电力通道内禁止堆放杂物及易燃易爆物品。

（6）其他。在桥梁电力通道内，除输电电缆以外，还可能布置其他管线。这样，除电力公司的人员外，其他人也有可能进入电力通道进行维护工作。电缆运行维护单位应与其他管线所属管理部门进行充分的协调，明确双方的管理权限，保证任何人进出电力通道，其进出时间和人数都在电力公司监控中心中有相应记录。

5.2 巡视与维护

5.2.1 基本要求

电缆及通道运维管理是对电缆及通道采取的巡视、检测、维护等技术管理措施和手段的总称，主要包括生产准备、工程验收、巡视管理、通道管理、状态评价、带电检测与在线监测、缺陷管理、隐患管理、专项管理、电缆及通道标准化管理、运行分析管理、电缆及附属退役、档案资料管理、人员培训等工作，其基本要求涵盖以下方面。

（1）电缆及通道运行维护工作应贯彻安全第一、预防为主、综合治理的方针，严格执行有关规定。

（2）运维人员应熟悉《中华人民共和国电力法》《电力设施保护条例》《电力设施保护条例实施细则》及《国家电网公司电力设施保护工作管理办法》等国家法律、法规和公司有关规定。

（3）运维人员应掌握电缆及通道状况，熟知有关规程制度，定期开展分析，提出相应的事故预防措施并组织实施，提高设备安全运行水平。

（4）运维人员应经过技术培训并取得相应的技术资质，认真做好所管辖电缆及通道的巡视、维护和缺陷管理工作，建立健全技术资料档案，并做到齐全、准确，与现场实际相符。

（5）运维单位应参与电缆及通道的规划、路径选择、设计审查、设备选型及招标等工作。根据历年反事故措施、安全措施的要求和运行经验，提出改进建议，力求设计、选型、施工与运行协调一致。应按相关标准和规定对新投运的电缆及通道进行验收。

（6）运维单位应建立岗位责任制，明确分工，做到每回电缆及通道有专人负责。每回电缆及通道应有明确的运维管理界限，应与发电厂、变电站、架空线路、开闭站和邻近的运行管理单位（包括用户）明确划分分界点，不应出现空白点。

（7）运维单位应全面做好电力电缆及通道的巡视检查、安全防护、状态管理、维护管理和验收工作，并根据设备运行情况，制定工作重点，解决设备存在的主要问题。

（8）运维单位应开展电力设施保护宣传教育工作，建立和完善电力设施保护工作机制和责任制，加强电力电缆及通道保护区管理，防止外力破坏。在邻近电力电缆及通道保护区的打桩、深基坑开挖等施工，应要求对方做好电力设施保护。

（9）运维单位对易发生外力破坏、偷盗的区域和处于洪水冲刷区易坍塌等区域内的电缆及通道，应加强巡视，并采取针对性技术措施。

（10）运维单位应建立电力电缆及通道资产台账，定期清查核对，保证账物相符。对与公用电网直接连接的且签订代维护协议的用户桥梁电缆线路应建立台账。

（11）运维单位应积极采用先进技术，实行科学管理。新材料和新产品应通过标准规定的试验、鉴定或工厂评估合格后方可挂网试用，在试用的基础上逐步推广应用。

5.2.2 电缆及通道巡视

电缆及通道巡视要求如下。

（1）运维单位对所管辖电缆及通道，均应指定专人巡视，同时明确其巡视的范围、内容和安全责任，并做好电力设施保护工作。

（2）运维单位应编制巡视检查工作计划，计划编制应结合电缆及通道所处环境、巡视检查历史记录以及状态评价结果。电缆及通道巡视内容见表 5 - 1。

表 5 - 1　电缆及通道巡视内容

<table>
<tr><th>序号</th><th colspan="2">巡视对象</th></tr>
<tr><td>1</td><td colspan="2">电缆</td></tr>
<tr><td rowspan="2">2</td><td rowspan="2">附件</td><td>终端</td></tr>
<tr><td>电缆接头</td></tr>
<tr><td rowspan="4">3</td><td rowspan="4">附属设备</td><td>避雷器</td></tr>
<tr><td>供油装置</td></tr>
<tr><td>接地装置</td></tr>
<tr><td>在线监测装置</td></tr>
</table>

续表

序号	巡视对象	
4	附属设施	电缆支架
		终端站
		标识和警示牌
		防火设施
		OFFSET

（3）运维单位对巡视检查中发现的缺陷和隐患进行分析，及时安排处理并上报上级生产管理部门。

（4）运维单位应将预留通道和通道的预留部分视作运行设备，使用和占用应履行审批手续。

（5）巡视检查分为定期巡视、故障巡视、特殊巡视 3 类。

（6）定期巡视包括对电缆及通道的检查，可以按全线或区段进行。巡视周期相对固定，并可动态调整。电缆和通道的巡视可按不同的周期分别进行。

（7）故障巡视应在电缆发生故障后立即进行，巡视范围为发生故障的区段或全线。对引发事故的证物证件应妥为保管，并对事故现场应进行记录、拍摄，以便为事故分析提供证据和参考。具有交叉互联的电缆跳闸后，应同时对电缆上的交叉互联箱、接地箱进行巡视，还应对给同一用户供电的其他电缆开展巡视工作以保证用户供电安全。

（8）特殊巡视应在气候剧烈变化、自然灾害、外力影响、异常运行和对电网安全稳定运行有特殊要求时进行，巡视的范围视情况可分为全线、特定区域和个别组件。对电缆及通道周边的施工行为应加强巡视，已开挖暴露的电缆线路，应缩短巡视周期，必要时安装移动视频监控装置进行实时监控或安排人员看护。

5.2.3 电缆巡视检查要求及内容

（1）电缆巡视应沿电缆逐个接头、终端建档进行并实行立体式巡视，不得出现漏点（段）。

（2）电缆巡视检查的要求及内容见表 5－2。

表 5-2　　电缆巡视检查的要求及内容

巡视对象	部件	要求及内容
电缆本体	本体	（1）是否变形、磨损； （2）表面温度是否过高
	外护套	是否存在破损情况和龟裂现象
附件	电缆终端	（1）套管外绝缘是否出现破损、裂纹，是否有明显放电痕迹、异味及异常响声； （2）套管密封是否存在漏油现象； （3）瓷套表面不应严重结垢； （4）套管外绝缘爬距是否满足要求； （5）电缆终端、设备线夹、与导线连接部位是否出现发热或温度异常现象； （6）固定件是否出现松动、锈蚀、支撑瓷瓶外套开裂、底座倾斜等现象； （7）电缆终端及附近是否有不满足安全距离的异物； （8）支撑绝缘子是否存在破损情况和龟裂现象； （9）法兰盘尾管是否存在渗油现象； （10）电缆终端是否有倾斜现象，引流线不应过紧
	电缆接头	（1）是否浸水； （2）外部是否有明显损伤及变形，环氧外壳密封是否存在内部密封胶向外渗漏现象； （3）底座支架是否存在锈蚀和损坏情况，支架应稳固是否存在偏移情况； （4）是否有防火阻燃措施； （5）是否有铠装或其他防外力破坏的措施
	避雷器	（1）避雷器是否存在连接松动、破损、连接引线断股、脱落、螺栓缺失等现象； （2）避雷器动作指示器是否存在图文不清、进水和表面破损、误指示等现象； （3）避雷器均压环是否存在缺失、脱落、移位现象； （4）避雷器底座金属表面是否出现锈蚀或油漆脱落现象； （5）避雷器是否有倾斜现象，引流线是否过紧； （6）避雷器连接部位是否出现发热或温度异常现象
	接地装置	（1）接地箱箱体（含门、锁）是否缺失、损坏，基础是否牢固可靠； （2）交叉互联换位是否正确，母排与接地箱外壳是否绝缘； （3）主接地引线是否接地良好，焊接部位是否做防腐处理； （4）接地类设备与接地箱接地母排及接地网是否连接可靠，是否松动、断开； （5）同轴电缆、接地单芯引线或回流线是否缺失、受损

续表

巡视对象	部件	要求及内容
附属设施	在线监测装置	（1）在线监测硬件装置是否完好； （2）在线监测装置数据传输是否正常； （3）在线监测系统运行是否正常
	电缆支架	（1）电缆支架应稳固，是否存在缺件、锈蚀、破损现象； （2）电缆支架接地是否良好； （3）防震措施是否良好； （4）电缆夹具是否松动，固定螺丝是否缺失
	标识标牌	（1）电缆线路铭牌、接地箱（交叉互联箱）铭牌、警告牌、相位标识牌是否缺失、清晰、正确； （2）路径指示牌（桩、砖）是否缺失、倾斜
	防火设施	（1）防火槽盒、防火涂料、防火阻燃带是否存在脱落； （2）变电站或电缆隧道出入口是否按设计要求进行防火封堵措施
	OSFFSET	（1）活动位置是否存在锈蚀、卡顿等情况； （2）OFFSET 上的电缆是否存在异常弯曲； （3）电缆外观是否存在变形、脱落、局部磨损严重等情况； （4）OFFSET 的监测单元是否工作正常

5.2.4　通道巡视检查要求及内容

（1）通道巡视应对通道周边环境、施工作业等情况进行检查，及时发现和掌握通道环境的动态变化情况。

（2）在确保对电缆巡视到位的基础上宜适当增加通道巡视次数，对通道上的各类隐患或危险点安排定点检查。

（3）对电缆及通道靠近热源、电缆排列密集处，应进行电缆环境温度、土壤温度和电缆表面温度监视测量，以防环境温度或电缆过热对电缆产生不利影响。

（4）通道巡视检查的要求及内容见表 5-3。

表 5-3 通道巡视检查的要求及内容

巡视对象		要求及内容
通道	引桥等位置处的电缆沟	（1）电缆沟墙体是否有裂缝、附属设施是否故障或缺失； （2）竖井盖板是否缺失、爬梯是否锈蚀、损坏； （3）电缆沟接地网接地电阻是否符合要求
	外挂平台	（1）电缆支架是否脱开或锈蚀，盖板是否有缺损； （2）外挂平台是否出现倾斜、下沉、巡检通道地面缺失等现象，与其他结构的过渡区域之间是否产生裂缝和错位现象； （3）电缆外挂平台主体结构主材是否存在损坏、锈蚀现象； （4）通道内是否存在易燃物品、杂物等
	桥梁箱梁	（1）通道内是否出现有毒气体、积水、淤泥等情况； （2）通道内是否存在渗漏、潮湿、锈蚀等情况； （3）通道内是否存在易燃物品、杂物等

5.2.5 通道维护

1. 一般要求

（1）通道维护主要包括通道修复、加固、保护和清理等工作。

（2）通道维护原则上不许停电，宜结合巡视工作同步完成。

（3）维护人员在工作中应随身携带相关资料、工具、备品备件和个人防护用品。

（4）在通道维护可能影响电缆安全运行时，应编制专项保护方案，施工时应采取必要的安全保护措施，并应设专人监护。

2. 维护内容

（1）更换破损的井盖、盖板、保护板，补全缺失的井盖、盖板、保护板。

（2）维护工作井止口。

（3）清理通道内的积水、杂物。

（4）维护人员进出口的楼梯（爬梯）。

（5）维护通风、照明、排水设置和低压供电系统。

（6）维护阻火隔离设施、消防设施。

（7）修剪、砍伐电缆终端塔（杆）、邻近桥梁平台周围安全距离不足的树枝和藤蔓。

（8）修复存在连接松动、接地不良、锈蚀等缺陷的接地引下线。

（9）更换缺失、褪色和损坏的标桩、警示牌和标识标牌，及时校正倾斜的标桩、警示牌和标识标牌。

（10）对锈蚀电缆支架进行防腐处理，更换或补装缺失、破损、严重锈蚀的支架部件。

5.3　状态评价及检修

运维单位应以电网设备数据为基础，采用各类信息化管理手段（如配电自动化系统、用电信息采集系统等），以及各类带电检（监）测（如红外检测、开关柜局部放电检测等）、停电试验手段，利用电网设备状态检修辅助决策系统开展设备状态评价，掌握设备发生故障之前的异常征兆与劣化信息，事前采取针对性措施控制，防止故障发生，减少故障停运时间与停运损失，提高设备利用率，并进一步指导优化配电网运维、检修工作。应积极开展配电网设备状态评价工作，配备必要的仪器设备，实行专人负责。设备应自投入运行之日起纳入状态评价工作。

5.3.1　状态信息收集

（1）状态信息收集应坚持准确性、全面性与时效性的原则，各相关专业部门应根据运维单位需要及时提供信息资料。

（2）信息收集应通过内部、外部多种渠道获得，如通过现场巡视、现场检测（试验）、业扩报装、信息系统、95598、市政规划建设等获取配电网设备的运行情况与外部运行环境等信息。

（3）运维单位应制订定期收集配电网运行信息的方法，对于收集的信息，运维单位应进行初步的分类、分析判断与处理，为开展状态评价提供正确依据。

（4）设备投运前状态信息收集。内容包括：①出厂资料（包括型式试验报告、出厂试验报告、性能指标等）；②交接验收资料。

（5）设备运行中状态信息收集。内容包括：①运行环境和污区划分资料；②巡视记录；③修试记录；④故障（异常）记录；⑤缺陷与隐患记录；⑥状态检测记录；⑦越限运行记录；⑧其他相关运行资料。

（6）同类型设备应参考家族性缺陷信息。

5.3.2 状态评价内容

（1）依据状态评价结果，针对电缆及通道运行状况，实施状态管理工作。

（2）对于自身存在缺陷和隐患的电缆及通道，应加强跟踪监视，增加带电检测频次，及时掌握隐患和缺陷的发展状况，采取有效的防范措施。有条件时可对重要电缆线路采用带电检测或在线监测等技术手段开展状态监测。

（3）对自然灾害频发和外力破坏严重区域，应采取差异化巡视策略，并制定有针对性的应急措施。

（4）恶劣天气和运行环境变化有可能威胁电缆及通道安全运行时，应加强巡视，并采取有效的安全防护措施，做好安全风险防控工作。

（5）设备状态评价应按照技术标准，通过停电试验、带电检测、在线监测等技术手段，收集设备状态信息，应用状态检修辅助决策系统，开展设备状态评价。运维单位应开展定期评价和动态评价。

1）定期评价 110kV 及以上电缆 1 年 1 次。

2）新设备投运后首次状态评价应在 1 个月内组织开展，并在 3 个月内完成。

3）故障修复后设备状态评价应在 2 周内完成。

4）缺陷评价随缺陷处理流程完成。家族缺陷评价在上级家族缺陷发布后 2 周内完成。

5）不良工况评价在设备经受不良工况后 1 周内完成。

6）特殊时期专项评价应在开始前 1～2 个月内完成。

（6）设备状态评价结果分为以下 4 个状态。

1）正常状态。设备运行数据稳定，所有状态量符合标准。

2）注意状态。设备的几个状态量不符合标准，但不影响设备运行。

3）异常状态。设备的几个状态量明显异常，已影响设备的性能指标或可能发展成严重状态，设备仍能继续运行。

4）严重状态。设备状态量严重超出标准或严重异常，设备只能短期运行或需要立即停役。

5.3.3　状态评价结果

（1）对于正常、注意状态设备，可适当简化巡视内容、延长巡视周期；对于架空线路通道、电缆线路通道的巡视周期不得延长。

（2）对于异常状态设备，应进行全面仔细地巡视，并缩短巡视周期，确保设备运行状态的可控、在控。

（3）对于严重状态设备，应进行有效监控。

（4）根据评价结果制定检修策略。

5.3.4　缺陷管理

缺陷管理为闭环管理体制，包括从缺陷发现、缺陷审核、缺陷处理、验收闭环的全过程。缺陷主要发现途径包括巡视、检测、检修、交接验收等。运维班组发现缺陷后，上报给检修公司专责，经过逐级审核后，安排检修班组进行消缺。

电缆及通道缺陷分为危急缺陷、严重缺陷、一般缺陷 3 类。

（1）危急缺陷。严重威胁设备的安全运行，不及时处理，随时有可能导致事故的发生，必须尽快消除或采取必要的安全技术措施进行处理的缺陷。

（2）严重缺陷。设备处于异常状态，可能发展为事故，但设备仍可在一定时间内继续运行，须加强监视并进行大修处理的缺陷。

（3）一般缺陷。设备本身及周围环境出现不正常情况，一般不威胁设备的安全运行，可列入小修计划进行处理的缺陷。

5.3.5　状态检修

状态检修是指对电缆巡视、检测发现的状态量超过状态控制值的部位或区段进行检修维护和修理的过程，是企业以安全、环境、成本为基础，通过设备状态评价、风险评估、检修决策等手段开展设备检修工作，达到设备运行安全可靠、检修成本合理的一种检修策略。电缆线路状态检修工作内容包括停电、不停电测试和试验以及停电、不停电检修维护工作。

一般按照工作性质内容及工作涉及范围，可将电缆线路检修工作分为A类检修、B类检修、C类检修、D类检修4类。其中A、B、C类检修是停电检修，D类检修是不停电检修。

A类检修是指电缆线路的整体解体性检查、维修、更换和试验。B类检修是指电缆线路局部性的检修，部件的解体检查、维修、更换和试验。C类检修是指对电缆线路常规性检查、维护和试验。D类检修是指对电缆线路在不停电状态下的带电测试、外观检查和维修。

电缆线路的检修分类和检修项目见表5-4。

表5-4　电缆线路的检修分类和检修项目

检修分类	检修项目
A类检修	(1) 电缆更换； (2) 电缆附件更换
B类检修	(1) 主要部件更换及加装； (2) 更换少量电缆； (3) 更换部分电缆附件； (4) 其他部件批量更换及加装； (5) 交叉互联箱更换； (6) 更换回流线； (7) 主要部件处理； (8) 更换或修复电缆线路附属设备； (9) 修复电缆线路附属设施； (10) 诊断性试验； (11) 交直流耐压试验
C类检修	(1) 绝缘子表面清扫； (2) 电缆主绝缘绝缘电阻测量； (3) 电缆线路过电压保护器检查及试验； (4) 金具紧固检查； (5) 护套及内衬层绝缘电阻测量； (6) 其他

续表

检修分类	检修项目
D类检修	（1）修复基础、护坡、防洪、防碰撞设施； （2）带电处理线夹发热； （3）更换接地装置； （4）安装或修补附属设施； （5）回流线修补； （6）电缆附属设施接地连通性测量； （7）红外测温； （8）环流测量； （9）在线或带电测量； （10）其他不需要停电试验的项目

第 6 章　桥梁电缆线路的带电检测与状态监测

6.1 带 电 检 测

随着电网规模迅速扩大和用电需求的迅猛增长，社会对电网供电可靠性要求越来越高。作为状态检修的重要内容，电力设备带电检测技术的全面深入应用，能及时发现电力设备潜伏性运行隐患，避免突发性故障的发生，是电力设备安全、稳定运行的重要保障。

带电检测是指采用便携式检测设备，在运行状态下，对设备状态量进行的现场检测。其特点为短时间内检测，有别于长期连续的在线监测，具有投资小，见效快的优点。

6.1.1 红外测温

红外测温技术就是将物体发出的不可见红外能量转变为可见的热图像，通过查看热图像可以观察到被测目标的整体温度分布状况，可检测电缆附件因电接触不良或者局部放电等引起的发热缺陷。

1. 检测环境要求

（1）风速一般不大于 1.5m/s。

（2）设备通电时间不小于 6h，最好在 24h 以上。

（3）检测期间天气为阴天、夜间或晴天日落 2h 后。

（4）被检测设备周围应具有均衡的背景辐射，应尽量避开附近热辐射源的干扰，某些设备被检测时还应避开人体热源等的红外辐射。

（5）避开强电磁场，防止强电磁场影响红外热像仪的正常工作。

（6）被检设备是带电运行设备，应尽量避开视线中的封闭遮挡物，如门和盖板等。

（7）环境温度一般不低于5℃，环境相对湿度一般不大于85%；天气以阴天、多云为宜，夜间图像质量为佳；不应在雷、雨、雾、雪等气象条件下进行，检测时风速一般不大于5m/s。

（8）户外晴天要避开阳光直接照射或反射进入仪器镜头，在室内或晚上检测应避开灯光的直射，宜闭灯检测。

（9）检测电流致热型设备，最好在高峰负荷下进行。否则，一般应在不低于30%的额定负荷下进行，同时应充分考虑小负荷电流对测试结果的影响。

2. 检测线路及设备要求

红外检测时，电缆应带电运行，且运行时间应该在24h以上，并尽量移开或避开电缆与测温仪之间的遮挡物，如玻璃窗、门或盖板等；需对电缆线路各处分别进行测量，避免遗漏测量部位；最好在设备负荷高峰状态下进行，一般不低于额定负荷30%。

（1）正确选择被测设备的辐射率，特别要考虑金属材料的氧化对选取辐射率的影响，辐射率的选取：金属导体部位一般取0.9，绝缘体部位一般取0.92。

（2）在安全距离允许的范围下，红外仪器宜尽量靠近被测设备，使被测设备充满整个仪器的视场，以提高仪器对被测设备表面细节的分辨能力及测温精度，必要时，应使用中、长焦距镜头；户外终端检测一般需使用中、长焦距镜头。

（3）将大气温度、相对湿度、测量距离等补偿参数输入，进行修正，并选择适当的测温范围。

（4）一般先用红外热像仪对所有测试部位进行全面扫描，重点观察电缆终端和中间接头、交叉互联箱、接地箱、金属套接地点等部位，发现热像异常部位后对异常部位和重点被检测设备进行详细测量。

（5）为了准确测温或方便跟踪，应事先设定几个不同的方向和角度，确定最佳检测位置，并做上标记，以供今后的复测用，提高互比性和工作效率。

（6）记录被检设备的实际负荷电流、电压、被检物温度及环境参照体的温度值等。

6.1.2 环流检测

接地环流检测主要通过电流互感器或电流表实现，电流互感器是依据电磁感应原理将一次侧大电流转换成二次侧小电流来测量，在工作时，二次侧回路始终是闭合的，测量仪表和保护回路串联线圈的阻抗很小，电流互感器的工作状态接近短路，通过检测电缆金属护套及线芯的电流幅值，结合电流接地方式判断电缆金属护套接地状态，可检测电缆金属护套多点接地等缺陷。

现场检查方法要求如下。

（1）检测前钳形电流表处于正确的挡位，量程由大至小调节。

（2）测试接地电流应记录当时的负荷电流。

（3）按照要求记录接地电流异常互联段、缺陷部位、实际负荷、互联段内所有互联线、接地线的接地电流。

6.1.3 高频局部放电检测

高频局部放电检测技术使用高频 TA 传感器来检测局部放电电流中的高频成分。其基本测试原理是：电力电缆绝缘内部的局部放电源可以看作是一个点脉冲信号源，当电缆绝缘内部产生局部放电时，放电所产生的高频电流脉冲沿着电缆线芯和金属屏蔽层同时向不同的方向传播，在金属屏蔽层和接地线上产生不均衡电流进而产生变化的磁场，在电缆本体上或接地引线上套以线圈高频 TA 传感器，当测量位置上磁场变化时，线圈的积分电阻上就能感应到局部放电脉冲信号。

1. 高频脉冲法检测环境要求

（1）检测目标及环境的温度宜在－10～＋40℃。

（2）空气湿度不宜大于 90%，若在室外不应在有雷、雨、雾、雪的环境下进行检测。

（3）在电缆设备上无各种外部作业。

（4）进行检测时应避免其他设备干扰源等带来的影响。

2. 高频脉冲法检测仪器要求

（1）在检测时，须保证仪器电源电力充足。

（2）检测中应避免高频TA传感器、同轴电缆受到损伤。

3. 数据分析原则

（1）根据相位图谱特征判断测量信号是否具备50Hz相关性。若具备，说明存在局部放电，继续如下步骤。

1）排除外界环境干扰，即排除与电缆有直接电气连接设备（如变压器、GIS等）或空间的放电干扰。

2）根据各检测部位的幅值大小（即信号衰减特性）初步定位局部放电部位。

3）根据各检测部位三相信号相位特征，定位局部放电相别。

4）根据单个脉冲时域波形、相位图谱特征初步判断放电类型。

5）在条件具备时，综合应用超声波局部放电仪、示波器等仪器进行精确的定位。

（2）当检测到异常时，须按照相应的格式记录异常信号放电谱图、分类谱图以及频谱图，并填写初步分析判断结论。

6.1.4　超声波局部放电检测技术

在电缆中，局部放电形成电树枝的过程也会伴随着微弱的爆破，爆破产生的压力变化亦会产生声波。声波在传播过程中会引起介质（空气、设备外壳等）的振动。进行局部放电检测时，测试人员通常将超声传感器（声电换能器）通过导电硅脂黏附在设备外壳上，然后通过信号处理技术对采集的信号进行放大、滤波，并通过诊断系统对检测结果进行分析并显示诊断结果。

1. 检测要求

（1）对环境的要求。

1）检测目标及环境的温度宜在－10～＋40℃。

2）空气湿度不宜大于90%；若在室外，不应在有雷、雨、雾、雪的环境下进行检测。

3）在电缆设备上无各种外部作业。

（2）对仪器的要求。

1）在检测时，须保证仪器电量充足。

2）检测中应保持超声波传感器正对检测对象，并避免超声波传感器受到损伤。

2. 检测方法

超声波局部放电现场检测部位可于电缆本体、中间接头、终端等处设置测试点。测试点的选取务必注意带电设备安全距离并保持每次测试点位置一致，以便于进行比较分析。

超声波局部放电现场检测步骤如下。

(1) 检测前正确安装仪器各配件，连接接触式或非接触式传感器。

(2) 对检测部位进行接触或非接触式检测。检测过程中，传感器放置应避免摩擦，以减少摩擦产生的干扰。

1) 对于可调频率检测仪器，开启性能调节开关，在收到频率指示后调节频率到40kHz，对设备进行非接触式检测。

2) 对于可调频率检测仪器，开启性能调节开关，在收到频率指示后调节频率到20kHz，对设备进行接触式检测。

(3) 做好测量数据记录。若存在异常，则应进行多点检测，查找信号最大点的位置，并出具检测报告。

3. 数据分析原则

(1) 正常的电缆设备，不同相别测量结果应该相似。

(2) 如果信号的声音明显有异，判断电缆设备或邻近设备可能存在放电。应与此测试点附近不同部位的测试结果进行横向对比（单相的设备可对比 A、B、C 三相同样部位的测量结果），如果结果不一致，可判断此测试点异常。

(3) 也可以对同一测试点不同时间段测试结果进行纵向对比，看是否有变化，如果测量值有增大，可判断此测试点内存在异常。

当检测到异常时，需按照相应的格式记录异常信号所处的相别、位置，记录超声波检测仪显示的信号幅值、中心频率及带宽。

6.1.5 X射线成像检测

X射线探伤可用于检验材料内部缺陷情况，如图 6-1 所示。其技术原理是 X 射线（也可以是 γ 射线或其他高能射线）能够穿透金属材料，并由于材料对射线的吸收和散射作用的不同，从而使胶片感光不一样，于是在底片上形成黑度不同的影像。

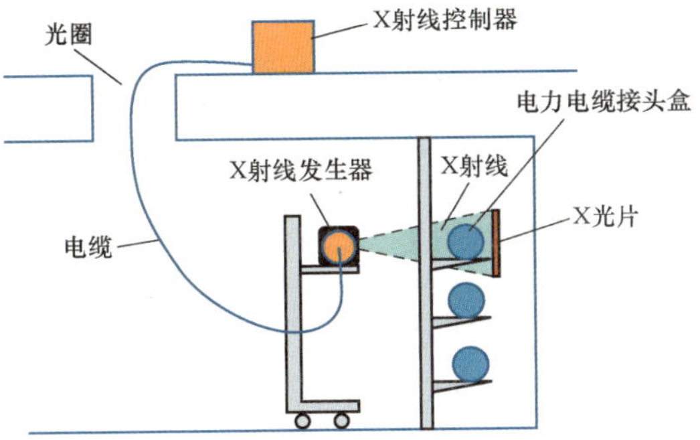

图 6-1　X 射线成像检测原理

1. 射线成像检测安全要求

（1）检测单位应具备省级环境保护主管部门审批颁发的辐射安全许可证。

（2）作业人员应掌握辐射安全知识及辐射安全防护措施，射线操作人员取得省级卫生行政部门颁发的《放射工作人员证》；检测期间需登塔作业的人员，同时应具备高空作业资质。

（3）作业人员的放射卫生防护应符合《电离辐射防护与辐射源安全基本标准》（GB 18871—2002）和《工业探伤放射防护标准》（GBZ 117—2022）中的有关规定。

（4）作业人员应了解 X 射线检测技术的基本原理和检测程序，熟悉检测系统的工作原理、技术参数和性能，掌握其操作程序和使用方法。

（5）现场进行 X 射线检测时，应按 GBZ 117—2022 的规定划定辐射控制区和辐射监督区、设置警告标志。检测工作人员应佩戴辐射个人剂量计，并携带剂量报警仪。

（6）检测工作应遵守电力安全工作规程的有关规定，当检测条件符合作业安全要求时方可进行检测工作。

（7）X 射线现场检测不宜在雨、雾、雪等恶劣天气及风速超过 5 级的环境下进行。

2. 现场检测要求

（1）检测用 X 射线机应提供稳定电源，确保设备正常平稳工作。

（2）采用有线传输测量方式时，应防止传输线碰触带电体。

（3）作业人员应在探伤作业前对仪器再次进行检查，并撤离至安全位置。

（4）操作 X 射线机曝光时，作业人员应保持足够的安全距离。

（5）检测工作完成后，应拆除所有接地线。

3. 技术要求

（1）在实际检测时，应针对检测对象的不同材料、不同透照厚度合理选用管电压。

（2）应按照检测速度、检测设备和检测质量的要求，通过协调管电流和曝光时间等参数来选择合适的曝光量，调节原则如下。

1）通过增加曝光量达到提高信噪比，提高图像质量的目的。

2）在满足图像质量、检测速度和检测效率要求前提下，可选择较低的曝光量。

3）平板探测器数字射线照相（DR）可通过合理选择采集帧频、图像叠加幅数和管电流来控制曝光量。

4）胶片射线检测和计算机辅助射线照相（CR）可通过合理选择曝光时间和管电流来控制曝光量。

（3）检测时每组有效的 X 射线图像应做好标记，包括线路名称、调度编号、接头、电缆本体编号、相别、透照日期等信息。当采用胶片式射线检测时，应采用铅字方式成像于胶片上；当采用数字射线方式检测时，识别标记可由计算机写入，但应保证不能被随意更改。

6.1.6 涡流探伤检测

涡流探伤法就是运用电磁感应原理，将激励电流信号 I 加到探头线圈，当探头接近导体材料时，线圈周围的交变磁场 H 在导体材料表面产生电涡流 I_E，电涡流也会产生一个磁场 H_E。在磁场 H_E的作用下，探头线圈中电流大小和相位都将发生变化，这些变化与电涡流强度、被测体的导电率、磁导率、几何尺寸、激励电流、电流频率及探头线圈与被测体之间的距离等有关。

1. 检测要求

（1）检测前，应对被检电缆附件形状、尺寸、位置等有足够的了解，以便于合理选择检测系统及方法。

（2）检测作业场所附近不应有影响仪器设备正常工作的磁场、震动、腐蚀性气体及其他干扰。

（3）检测作业场所附近不得有火源、易燃、易爆品等。

（4）实施检测的场地温度和相对湿度应控制在仪器设备和被检件允许的范围内。

(5) 涡流检测系统性能应满足相关标准要求，有关仪器性能的测试项目与测试方法参照《无损检测仪器 涡流检测设备　第 3 部分：系统性能和检验》(GB/T 14480—2020) 的有关要求进行。

(6) 检测仪器应具有可显示检测信号幅度和相位的功能，仪器的激励频率调节和增益范围应满足检测要求。

(7) 检测线圈的形式和有关参数应与所使用的检测仪器、检测对象和检测要求相适应。

(8) 记录装置应能及时、准确记录检测仪器的输出信号。

2. 检测方法

涡流检测就是运用电磁感应原理，将激励信号加到探头线圈，当探头接近金属表面时，线圈周围的交变磁场在金属表面产生感应电流。对于平板金属，感应电流的流向是与线圈同心的圆形，形似旋涡，称为涡流。涡流的大小、相位及流动形式受到试件导电性能的影响。涡流也会产生一个磁场，这个磁场反过来又会使检测线圈的阻抗发生变化。因此当导体表面或近表面出现缺陷或测量的金属材料发生变化时，将影响到涡流的强度和分布，涡流的变化又引起了检测线圈电压和阻抗的变化，根据这一变化，就可以间接地发现导体内缺陷的存在及金属材料的性能是否有变化。

基本的涡流检测仪原理如图 6-2 所示。振荡器产生的交变电流流过线圈，当探头线圈移动经过裂纹处时，所产生的涡流减小，因此，线圈阻抗发生变化并通过电表指示出来 (假设电流保持常数条件)。

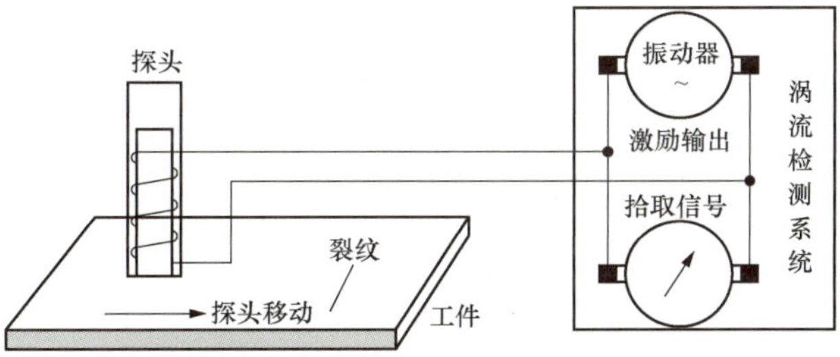

图 6-2　基本的涡流检测仪原理

涡流探伤对于导电材料表面上或近表面的裂纹、孔洞以及其他类型的缺陷均具有良好的检测灵敏度，并能提供缺陷深度的信息。

6.2 本体及附件在线监测

电缆本体及附件在线监测系统主要由高压电缆护层接地电流在线监测系统、电缆接头红外矩阵式在线测温系统、高压电缆线路局部放电在线监测系统、电力电缆故障区段定位系统、隧道环境监控及设备自动化控制系统、电力隧道进出口门禁安全管理系统及电力隧道防外力破坏地音监测预警系统等应用系统组成。

6.2.1 光纤测温

分布式光纤测温系统的原理是光纤的后向拉曼散射的温度关系以及光纤的光时域反射原理。感温光缆采集被测电缆各个位置的拉曼散射光脉冲并回传，通过在发射端接收并分析散射光中受温度调制的反斯托克斯光脉冲，实现对温度的监测。同时利用光时域反射技术，根据反斯托克斯光脉冲的回波时间，实现对感温点的定位。

光纤测温系统的接入不应改变电缆线路的连接方式、密封性能、绝缘性能及电气完整性，不应影响现场其他设备的安全运行。

1. 测温光缆

（1）单模光纤特性应符合《通信用单模光纤系列　第 1 部分：非色散位移单模光纤特性》（GB/T 9771.1—2000）的有关规定，多模光纤应符合《通信用多模光纤》（GB/T 12357）的有关规定。

（2）测温光缆的最小弯曲半径应至少满足电缆线路最小弯曲半径要求，内置式测温光缆的中心管式结构在电缆线路最小弯曲半径情况下不应出现断裂等情况。

（3）如有阻水、阻燃要求，可采用合适的阻水、阻燃材料填充，阻水、阻燃材料应不损害光纤测温及传输特性和使用寿命。

2. 测温主机

测温主机应具有完整的光信号产生、传输及处理，以及数据采集、分析及存储，通信等单元，并应具备如下基本功能。

（1）电缆线路运行温度实时在线监测。实时测量电缆结构层的温度及温度分布，实时显示电缆线路运行温度的最大值、最小值和平均值等。

（2）过热点的测量与定位。对电缆线路上的过热点可实时进行温度测量及定位，可对热温点的位置变化进行连续测量与记录。

（3）数据通信。数据通信应满足 IEC 61850 通信标准，可与综合监测单元或站端监测单元进行信息数据交换；具有接收和执行远程对时、参数调阅和命令设置的功能；可采用 RS-485、GPRS 等其他辅助通信方式。

3. 报警功能

异常情况下应自动启动报警，并将报警信息（位置、温度、时间等）按 IEC 61850 通信标准上传至上级综合监控平台，并可通过短信平台等途径通知相关人员。报警限值应不少于两级设置，报警事件的准确率应不低于 99%。应至少具有、但不限于以下报警功能。

（1）温度超限报警。可分区设置超温报警值，当监测温度超过报警设定值时，即导体温度计算值超过报警设定值时启动报警。温度超限报警的最高限值为监测温度超过 50℃。

（2）温升速率报警。可分区设置升温速率报警值，规定时间内当监测温度变化超过设定值时启动报警。温升速率报警最高限值为在相邻测量周期内温度升高超过 2℃。

（3）温差报警。当电缆线路三相运行温度差值超过设定值时，或当电缆线路某段温度最高值和线路平均值的差值超过设定值时启动报警。温差报警的最高限值为温度差值超过 15℃。

（4）温度异常点报警。当电缆线路某一点的温度值与其周围 5m 内的其他点的温度值的差值超过设定值时启动报警。温度异常点报警的最高限值为温度差值超过 10℃。

（5）功能异常报警。当光纤测温系统的通信、温度测量、温度计算等功能出现异常情况时应启动报警。

4. 监测计算软件的基本功能

（1）电缆线路导体温度计算。应能实时计算电缆线路的导体温度值及温度分布，实时显示电缆导体温度的最大值、最小值和平均值等。

（2）电缆线路动态载流量计算。应能实时计算出电缆线路的动态载流量，给出电缆线路的最大允许载流量与允许时间及电缆导体温度的对应关系。

（3）数据保存及事件识别。应完整存储电缆线路运行温度、导体温度、负荷电流、热温点温度及位置等数据，具有断电不丢失数据、数据自动定期保存及数据备份的功能，具有上传数据及异常数据单独保存功能，异常情况下应能够正确建立事件标识。

6.2.2 局部放电监测

电缆现场情况复杂、接头数多，现场采用分布式方法进行局部放电检测。该技术是在同一条电力电缆线路上同时布置多个测试点，同时对每个测试点的局部放电数据进行精确同步采样，将每个测试点的局部放电数据上传至远程服务器进行异地存储和实时分析。系统宜采用高频脉冲电流法，对运行状态下高压交流电缆的局部放电状态量进行连续或周期性地自动监测，应对监测数据进行长期存储、管理、综合分析，以数值、图形、表格、曲线和文字等形式进行展示和描述，能反映局部放电状态量的变化趋势，并在局部放电状态量异常时进行报警。

1. 工作条件

户外装置正常工作条件，应符合《高压交流电缆在线监测系统通用技术规范》（DL/T 1506—2016）中 5.1 的要求；户内装置正常工作条件，应符合 DL/T 1506—2016 中 5.2 的要求。

每回高压交流电缆的监测系统投运后至少满足年故障次数不超过 2 次或平均失效间隔时间（MTBF）大于 5000h。

2. 监测功能

（1）局部放电在线监测系统宜布置在同轴电缆处。

（2）局部放电在线监测系统应有稳定的电源供电，装置的外壳防护等级应达到 IP65。

（3）信号采集单元应具备高压交流电缆局部放电状态量的自动采集、信号调理、模数转换和数据预处理功能。

（4）信号采集单元应能够将高压交流电缆局部放电状态量就地数字化和缓存，并根据需要定期将监测信息发送至监控主机。

（5）监测系统应具备干扰抑制功能，可抑制高压交流电缆线路内部及外界的干扰信号，如连续性窄带干扰、固定相位脉冲干扰、随机性脉冲干扰等。

（6）监测系统应具备手动检测功能。

3. 数据记录功能

（1）监控主机应具备局部放电状态量特征参数（放电量、放电相位、放电次数、放电量—放电相位图谱等）的自动记录与就地存储功能，存储时长应不小于1年。

（2）监测系统应具有数据保护功能，不应因供电电压中断、快速或缓慢波动及跌落丢失已储存的监测数据。

（3）监测系统应具有数据管理功能，应能导出备份超过规定存储时长的数据，并应具备历史数据浏览功能。

（4）应具备至少1年的数据储存能力，储存内容包括等效放电量、相位、重复率，以及必要的局部放电信号的原始波形等表征参量及检测辅助信息，数据库应具备自动检索、历史数据回放和数据导出功能。

4. 数据分析功能

（1）监测系统应能提供放电量、放电相位、放电次数等基本的局部放电状态量特征参数，展示二维（$Q-\varphi$、$n-\varphi$、$Q-t$、$n-t$等）、三维（$Q-\varphi-n$、$Q-\varphi-t$等）放电图谱，具备各种统计特征参数展示功能。

（2）监测系统应具备数据分析与识别诊断功能。

（3）监测系统应能以图形、曲线、报表等方式对局部放电状态量的变化趋势进行统计、分析和展示，时间段、时间间隔应可选。

（4）监测系统报警时，应能切换至手动检测与分析模式。

（5）监测系统发现放电或放电活动趋势异变后，应具备辅助查找放电源位置的功能。

（6）监测系统应提供离线分析功能。

5. 报警功能

监测系统应能实现局部放电状态量检出报警，宜具备在预设的监测周期内变化趋势异常报警功能，可设定报警条件。报警信息应能上传至综合监测分析系统，且能同时发送至用户的手持式移动终端。监测系统异常情况下应能建立事件日志。

6. 通信功能

（1）信号采集单元和监控主机之间的通信应满足监测数据交换所需要的、标准的、可靠的现场工业控制总线、以太网络总线或无线网络的要求。

（2）监控主机应能够将经过处理的数据发送至综合监测分析系统；监控主机与综合监测分析系统之间应采用 DL/T 860 系列标准、《电力系统实时数据通信应用层协议》（DL/T 476—2012）或用户要求的其他标准通信协议进行通信。

（3）在线监测系统应满足信息安全防护方面的相关要求。

（4）在线监测系统应具有时钟同步功能，实现系统内各部分的时钟同步。

7. 检测频带

采用高频脉冲电流法的监测系统信号检测频带至少应包含 200kHz～20MHz。

8. 测量灵敏度

为便于对比分析局部放电在线监测系统的测量结果，放电量单位宜统一为 pC。

在实验室环境下，监测系统中所有信号采集单元的最小可测局部放电幅值不应大于 5pC。

6.2.3 接地环流监测

电力电缆线路投入运行后，其金属屏蔽中存在接地电流。接地电流主要包括容性电流和感应环流。其中容性电流主要是因为电力电缆中存在分布电缆电容，如单芯电缆导体对金属屏蔽电容、三芯电缆导体间以及与金属屏蔽电容、金属屏蔽对地电容等。

感应环流的产生是因为电缆线路金属屏蔽中有感应电势，金属屏蔽或直接接地或经交叉互联保护接地而与大地构成回路形成电流，由于此电流是金属屏蔽感应电势作用在接地回路而产生的，故称此电流为接地感应电流、接地环流或感应环流。

1. 接地环流的产生机理

单芯电缆接地环流的产生机理与感应电压机理基本相同。单芯电力电缆金属屏蔽感应电压作用于电缆金属屏蔽，形成感应电流。同理，感应电流的幅值和相位与线芯截面、电缆间距离、电流矢量、电缆长度以及相邻电缆线路的负荷电流、之间距离等因素密切相关。

电缆线路外护套遭化学侵蚀、外力破坏，引起金属屏蔽出现多点接地，金属屏蔽接地环流将迅速增加而产生热，热损耗大大增加使得电缆载流量明显下降、主绝缘材料在电热加速老化过程中逐渐损坏，最终电缆线路发生运行击穿事故。

2. 接地环流的计算

电缆运行参数复杂，影响电缆金属屏蔽接地环流值因素非常多，金属屏蔽接地环流大小主要由感应电势、回路阻抗等参数决定。而单芯电缆金属屏蔽感应电势不但取决于电缆负荷电流，还取决于电缆排列方式和线路长度，以及与有无回流线、回流线根数有关；回路阻抗也与电缆敷设环境，接地性质有关。因此，接地环流理论计算过程较复杂。

当电缆采用两端直接接地时，金属护套可以与大地形成回路，计算出各相感应电压和回路阻抗，根据欧姆定律即可得回路接地环流；而采用一端接地、另一端通过保护器接地时，保护器电阻无穷大，因此感应电压在回路中不能形成环流。当电缆采用交叉互联接地时，感应电流的计算较为复杂，电缆分段之后，每小段都会产生感应电压，交叉互联将不同相的 3 小段护套连在一起，因而 3 段电缆之间的感应电压会形成一个合成电压，当电缆敷设对称、分段均匀时 3 段电缆的感应电压幅值相等、相位相差 120°，此合成电压为零，金属屏蔽上无环流。当电缆敷设不对称、分段不均匀或交叉互联接线错误均导致合成电压不为零，环流也随电压的增加而增大。

3. 影响感应环流的因素

电缆金属屏蔽上产生接地环流有两个必要条件：①金属屏蔽产生感应电势；②此感应电势能形成闭合回路。根据这两个条件可以将影响感应环流的因素总结如下。

（1）负荷电流与电缆长度。电缆金属屏蔽上产生感应环流的大小与金属屏蔽上产生的感应电势有直接关系，根据感应电动势的计算公式，此值与电缆的负荷电流与长度成正比关系，因此负荷电流与电缆长度是感应环流的直接影响因素。

（2）接地方式与电缆敷设方式。

1）当电缆线路很短，线路可能会采用两端直接接地的方式，由于金属屏蔽回路阻抗很小，产生的金属屏蔽接地环流值很大。当线路较短时，一般采用电缆金属屏蔽层一端直接接地，另一端通过保护器接地，正常运行时，保护器阻值无限大，金属屏蔽不能与大地形成回路，故不存在接地环流。

2）当电缆线路较长时，一般会采用金属屏蔽分段、交叉互联的接地方式，线路更长时还会采用连续交叉互联的接地方式。此时，金属屏蔽上的接地环流与电缆的敷设方式和分段是否均匀有很大关系。经过计算，只有一种情况下不产生接地环流，即电缆采用品字形敷设，且3小段长度相等，此时三相金属屏蔽上感应电压幅值相等、相位相差120°，3小段长度之间感应电压累加可以完全抵消，总的感应电压为零，没有环流产生。

3）当电缆采用其他方式敷设，或分段不均匀都会使感应电压不能完全抵消，产生环流，而环流的大小与负荷电流、敷设的对称性、各小段的长度及分段的均匀性有直接的关系。此外，交叉互联时接线错误也会导致金属屏蔽回路上产生较大的环流。

（3）线路故障导致的多点接地。多种线路故障如电缆外护套受外力机械破坏、腐蚀、虫咬、护套绝缘老化击穿以及过电压限制器的损坏，都会导致金属屏蔽的多点接地而形成回路，金属屏蔽中的感应电动势则会在金属屏蔽中形成接地环流。

（4）多回路之间的感应。随着城市用电量的增加，为了节省土地资源和施工成本，同时便于对电缆线路的规范管理，各电力公司都在电缆通道内敷设多条电缆回路。当电缆内通有交变电流时，各回路都会在金属屏蔽上产生感应电压，因此金属屏蔽上除了本回路的线芯会产生的感应电压外，其他回路也会产生感应电压而形成叠加，所以多回路之间的感应也能对金属屏蔽上的感应环流造成影响。

4. 环流监测要求

（1）应能实时监测单芯电缆的金属护层电流值，并能实现数据上传。

（2）装置的信号采集单元分辨率应为12位及以上。

（3）应具备至少1年的数据储存能力，储存内容包括监测时间、被监测设备相别、接地电流、位置等参数信息。

（4）应具备三相差异分析及异常报警功能。

（5）通信系统应确保隧道内运维人员与隧道监控中心及外部正常通信。

（6）对于一侧连接变电站的隧道其监测数据应采用光纤直接接入内网，两侧皆不与变电站连接的隧道其监测数据也应接入内网，数据的接入及功能应与省级管控平台建设工作衔接。

（7）信息接入应严格执行国家电网信息安全要求规定。

（8）信息采集类终端不得使用互联网或信息外网直接通过安全接入平台接入信息内网。

（9）终端业务数据应加密储存。

（10）在终端使用过程中如果发生网络断开、访问业务系统出现异常、安全专控软件运行的情况，安全专控软件应记录日志。

（11）链路检测功能，系统定期对网络节点进行检测，自动诊断链路故障。

（12）对环流的当前值与历史值进行分析，如果增大到某一数值，系统发出警报；对环流变化率的当前值与历史值进行分析，如果增大到某一数值，系统发出警报；对环流与线芯电流的比值进行分析，如果增大到某一数值，系统发出警报；对环流与线芯电流的比值变化率进行分析，如果增大到某一数值，系统发出警报；对接地线是否被盗进行判断，如果接地线被盗，则判断出被盗接地线的具体位置并发出报警。

（13）接地电流采集器和接地电流传感器有过流保护措施。

6.3　通道在线监测

随着社会的快速发展，我国对电力设备基础建设步伐加快。同时，电力电缆通道的建设也快速增长，为供电需求提供有力保障。但是，随着电缆通道的不断推进，在维护和管理工作中面临较多的问题。因此，电力电缆通道在线监测系统的需求不断增加。该部分结合电缆通道的实际需求，结合现有的通道在线监测技术和设备，对影响电缆通道正常工作的几类常见问题进行分析和介绍。

6.3.1　温度监测

分布式光纤测温系统的原理是光纤的后向拉曼散射的温度关系以及光纤的光时域反射原理。感温光缆采集被测设备各个位置的拉曼散射光脉冲并回传，通过在发射端接收并分析散射光中受温度调制的反斯托克斯光脉冲，实现对温度的监测。同时利用光时域反射技术，根据反斯托克斯光脉冲的回波时间，实现对感温点的定位。

6.3.2　水位监测

水位监测通常采用投入式液位探测器和光纤液位监测两种方法。投入式液位计基于所测液体静压与该液体的高度成比例的原理，即所测液体静压与该液体高度成正比的原理。光纤水位计传感器部分采用光路耦合调节设备与光缆连接用于传递承载水位信息的光信号，控制电路终端部分采用激光调制技术，发送不同功能的调制激光信号，通过调制、对比与检测，获得水位的准确信息。

6.3.3 气体监测

1. 技术原理

（1）可燃性气体检测的原理。可燃气体探测器有催化型、红外光学型两种类型。催化型可燃气体探测器是利用难熔金属铂丝加热后的电阻变化来测定可燃气体浓度。当可燃气体进入探测器时，在铂丝表面引起氧化反应（无焰燃烧），其产生的热量使铂丝的温度升高，而铂丝的电阻率便发生变化。红外光学型是利用红外传感器通过红外线光源的吸收原理来检测现场环境的碳氢类可燃气体。

（2）一氧化碳（CO）气体检测的原理。利用直流稳压电源为整个电路系统供电，气体传感器将浓度信号转换成能进行测量的电压信号，但是这个电压信号的线性度不好而且电压值很小，须经过线性化补偿和放大器放大处理。因为需要远距离传输信号，所以使用电压/电流转换器将电压信号转换成易传输的电流信号进行传输，在下一步处理前再用电流/电压转换器将它转换成原来的电压信号。

（3）二氧化碳（CO_2）气体检测的原理。

1）红外 CO_2 传感器。利用非色散红外（NDIR）原理对空气中存在的 CO_2 进行探测。

2）催化 CO_2 传感器。将现场检测到的 CO_2 浓度转换成标准 4～20mA 电流信号输出。

3）热传导 CO_2 传感器。据混合气体的总导热系数随待分析气体含量的不同而改变的原理制成，由检测元件和补偿元件配对组成电桥的两个臂，遇可燃性气体时检测元件电阻变小，遇非可燃性气体时检测元件电阻变大（空气背景），桥路输出电压变量，该电压变量随气体浓度增大而呈正比例增大，补偿元件起参比及温度补偿作用。

（4）瓦斯气体检测的原理。MQ-5 气体传感器所使用的气敏材料是在清洁空气中电导率较低的二氧化锡（SnO_2）。当传感器所处环境中存在可燃气体时，传感器的电导率随空气中可燃气体浓度的增加而增大。使用简单的电路即可将电导率的变化转换为与该气体浓度相对应的输出信号。

2. 监测要求

对电力电缆隧道内有害气体空气含氧量、水位等环境参量进行监测，同时系统本身具备联动功能，当隧道内的有害气体含量、积水情况及环境温湿度超过一定标准时，会自动启动排风、排水装置进行通风、排水功能。电缆隧道环境检测原理如图 6-3 所示。

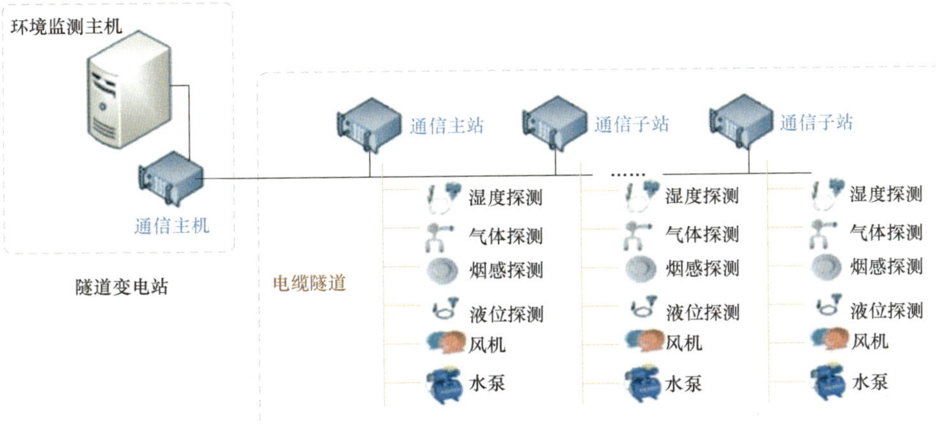

图 6-3　电缆隧道环境检测原理图

（1）仪器设备要求。

1）检测仪器设备应符合《作业场所环境气体检测报警仪 通用技术要求》（GB 12358—2006）GB 12358 和《密闭空间直读式气体检测仪选用指南》（GBZ/T 222—2009）中的要求，其中电气设备还应符合 GB（GB/T）3836 系列标准（爆炸性环境）的要求。

2）检测仪器在量程、相应时间、灵敏度及选择性等方面应与被测对象相符合。

3）检测仪器应通过技术认证，检测和报警准确可靠，连续正常工作时间在 4h 以上；携带方便，操作简单，使用寿命长。

4）气体检测管应有配套的抽气装置和定量标准，有标识，并应显示在有效期内。

（2）气体检测仪的选型要求。在现场调查的基础上，分析判断作业场所可能存在缺氧和有毒有害化学物质的种类、浓度范围及释放源情况作为选型的依据。

1）一般选择直读式气体检测仪器，也可以采用采样分析仪器。

2）选型应根据作业场所的气体组分，结合仪器的适用条件进行，同时避免仪器检测器受到其他组分干扰。采样管不能吸附被测物，也不能污染样品。

6.3.4 视频监测

1. 技术原理

电力电缆综合监控系统由前端系统、网络传输系统及监控中心系统 3 个部分组成。前端系统摄像头将采集的信号经过模拟线缆传输到视频编码服务器中，信号在视频编码服务器中经过编码和压缩之后，经过网络传输系统，传输至监控中心系统。

2. 监测要求

（1）视频监测系统应对电缆隧道出入口和隧道内重要设备和设施进行实时图像监视，实现在监控中心可全方位掌控电缆隧道内设备的运行、安防、消防等实时情况的功能。

（2）摄像机的安装位置应减少和避免图像出现逆光，并能清楚显示出出入监控区域人员面部特征等。

（3）控制协议、编解码协议、接口协议、视频文件格式、传输协议等应符合相关国家标准、行业标准和公安部颁布的技术规范。

（4）所设计的系统和采用的产品应该简单、实用、易操作、易维护。系统的易操作和易维护是保证非计算机专业人员使用好本系统的条件。并且，系统应具备自检、故障诊断及故障弱化功能，在出现故障时，应能得到及时、快速的维护。

（5）运维管理要求如下。

1）运行人员通过视频监控客户端每天巡视所辖线路是否在线，每月对所辖视频监控系统完成一次全面轮巡检查，包括报警情况、画面情况等，并对检查的情况做好记录，发现系统离线、无图像、图像模糊、球头不可控、系统频繁误报警等异常时应及时告知终端视频监控系统运行单位，运行单位根据缺陷情况通知检修单位处理。

2）当发生防盗、消防告警时，监控人员应立即查看，判断告警信号的真伪，一旦确认有盗警、火警发生，应立即汇报视频监控系统运行单位、保卫部门，根据情况拨打 110/119 报警，并跟踪监视、录像。

3）视频监控系统发生频繁误报警时，调控中心可将该告警点临时撤防，并报告视频监控系统运行单位纳入缺陷处理流程。

4）视频监控系统运行单位应结合线路日常巡视检查所辖视频监控设备有无损坏，

检查并处理线路周界可能引起误报警的异物。

5）视频监控系统检修单位每季度应对线路周界告警装置进行一次测试，发现不告警等异常时应及时填报缺陷。

6）视频监控设备采用故障检修的策略。当线路视频监控系统出现图像不清、控制失灵等情况时，线路视频监控系统检修单位应组织修理或更换。

6.3.5　巡检机器人

1. 技术原理

电力隧道智能机器人巡检系统以隧道智能巡检机器人为核心，结合实时监控平台，数据采集服务器以及相关附件，可实现对电力隧道环境与设备的不间断监控。隧道巡检机器人采用轨道移动方式，搭载高清摄像机及红外热成像仪，实现隧道实时监控与红外热成像诊断；集成有害气体、烟雾、光照度、温湿度等传感器以及定位装置和语音对讲系统，使用户实时掌控隧道环境信息，并通过监控平台实现对巡检机器人的控制，数据接入、存储、统计、GPS定位以及立体展示。

2. 巡检机器人要求

智能巡检机器人应能实现全隧道的实时动态巡检。主要功能包括定时、遥控巡检，可见光/夜视视频实时监控，红外热成像与故障报警，温湿度超限报警，火灾检测及应急消防功能，有毒有害气体监测，监控及数据报表分析，交互式对讲平台等。

6.3.6　火灾报警

1. 技术原理

火灾探测器是探测火灾的仪器，由于在火灾发生的阶段，将伴随产生烟雾、高温和火光。这些烟、热和光可以通过探测器转变为电信号报警或使自动灭火系统启动，及时扑灭火灾。区域报警器能将所在楼层之探测器发出的信号转换为声光报警，并在屏幕上显示出火灾的房间号；同时还能监视若干楼层的集中报警器（如果监视整个大楼的则设于消防控制中心）输出信号或控制自动灭火系统。

电缆隧道设置温度自动探测报警与控制系统，一般考虑各种点式感烟探测器、线型感温电缆和空气样本分析系统。点式感烟探测器安装在电缆隧道的顶部，易受灰尘、潮湿、振动和电磁干扰等因素的影响。特别是在潮湿的雨季，感烟探测器因无法判别是水蒸气的升腾还是烟雾，有时会发生误报。还有就是极度潮湿下的电磁干扰也会发生误报。

光纤温度传感系统用于实时测量空间温度场分布，可自动连续测量光纤沿线的温度，测量距离在几千米，空间定位精度为米级，特别适用于需要大范围多点测量的应用场合。这种光纤传感技术在高压电力电缆、电气设备因接触不良原因易产生发热的部位、电缆夹层、电缆通道、大型发电机定子、大型变压器、锅炉等设施的温度定点传感场合具有广泛的应用前景。

温度监控报警系统通过温度数据的收集、存储、转换和传输，来实时显示和报警，防止火灾。火灾事故大部分是由于温度过高引起的，通过对电缆头或电缆本身的连续温度测量，能够预测电缆头或电缆本身的故障趋势，及时提供电缆故障部位检修指导。

高压电力电缆运行温度在线监测系统是为了杜绝电缆沟内各电缆接头处由于温度过高引起火灾事故而设计的，它能将电缆沟内各电缆头处的温度及时准确传送到主控室内，当被测点温度超过给定报警值时，系统能及时报警。高压电气设备中由于微波和电磁干扰的影响，传统的测温方法难以或者根本无法得到真实的测试结果。

对电缆的监护，可以将测温光纤贴在电缆表面，在取得电缆表面数据后，将电缆的负荷电流同时描成一组相关曲线，并从电流值推算出导体的温度系数，从表面温度变化与导体温度变化之差（相同时刻作比较）便可以求出表面温度与运行负荷电流的相互关系，并以此来支持供电系统的安全运行。现有光纤温度监控系统产品中包含可以根据电缆表面所测温度推算电缆导体温度、电缆载流量数据的附加软件，通过实验证明，其计算结果与实际情况基本相符。使用后能实时了解电缆运行状况，有利于电缆负荷的动态优化，使线路利用达到最大值。倘若电缆出现过负荷运行，电网调度将在第一时间获知，通过转移负荷或者切断线路的方式，及时纠正电缆线路的异常运行状态，避免电缆线路因过热产生火情。

分布式光纤温度传感器与传统的各类温度传感器相比，具有一系列独特的优点，比如：①使用光纤作为传输和传感信号的载体，有效克服了电力系统中存在的强电磁干扰；②利用一根光纤为温度信息的传感和传导介质，可以测量沿光纤长度上的温度变化；③采用先进的 OTDR 技术和 Raman 散射光对温度敏感的特性，探测出沿着光纤不同位置的温度的变化；④实现真正分布式的测量，非常适合各种长距离的温度测量、在线实时监测和火灾报警等。分布式光纤温度传感器根据被测信号的特殊性，在常规微弱信号检测的基础上，针对微弱信号检测，采用软、硬件结合的方案，能够在强噪声下有效地提取微弱信号，以求得尽可能大的信号噪声比，而所需的器件与设备极为通用，相对成本较低，检测整个过程完成的时间也较短，具有较高的实用性。

光纤温度监控系统安装比较简便，只需在线路两侧变电站内增加控制、监测和报警设备，线路沿线仅需在电缆表面增敷一根光缆，不用额外空间。该系统采用特种感温光缆作探测器，本身不带电，具有防爆、防雷、防腐蚀、抗电磁干扰等优点，其测量温度分辨率一般可以达到0.01℃，任何微小温度变化都会被探测到，测试距离最长一般可达30km，空间分辨率最小一般为0.1m，在相同温度分辨率、测量距离和空间分辨的前提下，具有最短的测量时间，所以可实现大型电力电缆设备内部温度实时在线监测。

2. 火灾报警控制系统

火灾报警控制系统由主控制器、探测器、手动报警按钮、声光报警器等设备组成，当发生火灾时，探测器将火灾信号送至主控制器，在主控制器上能显示火灾发生的时间、地点，并发出报警信号。同时，火灾报警主控制器联动关闭隧道内防火门，以便阻止火焰蔓延。通过无线模块将报警信号发送至相关值班人员的手机。目前，上海地区对隧道中重要电缆线路均采用温度在线监测系统，不仅可以及时发现故障采取措施避免火灾，还能在线监测电缆载流量，为电缆安全运行提供保障。

3. 火灾监控要求

（1）桥梁通道内敷设的通信光缆和低压电源线，应采取放入阻燃管或防火槽盒等防火隔离措施。

（2）一、二级电缆通道应设置火灾监控报警系统。在电缆进出线集中的隧道、电缆夹层和竖井中，如未全部采用阻燃电缆，为了把火灾事故限制在最小范围，尽量减小事故损失，可加设监控报警和固定自动灭火装置。

（3）桥梁电缆隧道应配置分布式光纤测温、火灾报警、重点区域自动灭火、通风系统等装置。

（4）火灾感温电缆应绑扎牢固、可靠，与运行设备满足安全距离。

（5）有外部火源进入可能的电缆通道内，应采用能响应火焰规模不大于100mm的线型感温火灾探测器。

（6）线型感温火灾探测器应采用接触式的敷设方式对隧道内的所有的电缆进行探测；线型感温火灾探测器应采用S形布置在每层电缆的上表面，线型光纤感温火灾探测器应采用一根感温光缆保护一根电缆的方式，并应沿电缆敷设。

（7）分布式线型光纤感温火灾探测器在电缆接头、端子等发热部位敷设时，其感温光缆的延展长度不应小于探测单元长度的1.5倍；线型光栅光纤感温火灾探测器在电缆接头、端子等发热部位应设置感温光栅。

6.3.7 结构检测

1. 技术原理

目前结构监测采用的传感器系统有差动电阻式传感器系统、振弦式传感器系统及光纤光栅传感器系统。

（1）差动电阻式位移传感器原理。在仪器内部采用两根特殊固定方式的钢丝，钢丝经过预拉，张紧支杆上。当仪器受到外界的拉压变形时，一根钢丝受拉，其电阻增加；另一根钢丝受压，其电阻减小。测量两根钢丝电阻的比值，就可以求得仪器的变形量。

（2）振弦式传感器包括振弦式压力传感器和振弦式转矩传感器。

1）振弦式压力传感器。这种传感器的振弦一端固定，另一端连接在弹性感压膜片上。弦的中部装有一块软铁，置于磁铁和线圈构成的激励器的磁场中。激励器在停止激励时兼作拾振器，或单设拾振器。工作时，振弦在激励器的激励下振动，其振动频率与膜片所受压力的大小有关。

2）振弦式转矩传感器。这种传感器可用于测量发动机轴的扭矩。测量时将整个装置用两个套筒卡在被测轴的两个相邻面上。两个振弦传感器分别跨接在两个套筒的4个凸柱上。根据虎克定律，在弹性变形范围内，轴的扭转角度是与外加的扭矩成正比的，振弦的伸缩变形也就与外加的扭矩成正比。而振弦的振动频率的平方差与它所受应力成正比，因此可利用测量弦的振动频率的方法来测量轴所承受的扭矩。

（3）光纤光栅传感器系统。光纤光栅传感器系统基于光时域反射（OTDR）原理，OTDR技术属于散射型分布式传感技术，通过发射光脉冲到光纤内，通过反射信号和入射脉冲之间的时间差来确定空间位置。事件点距离系统终端的距离 d 可以表示为

$$d=\frac{ct}{2n} \tag{6-1}$$

式中 c——光在真空中的速度；

t——光脉冲发射后到接收到信号（双程）的总时间；

n——光纤的折射率。

2. 监测要求

桥梁电缆通道内相关区域及其他重点区域应安装沉降检测系统。隧道建设完成后，如运行单位觉得有必要可增设沉降检测系统。

6.3.8 安防系统

1. 技术原理

电缆通道缺乏必备的技防设备和监控手段，不法分子有可能通过电缆通道进出口和工井进入电缆通道内盗窃电缆通道附属设施和低压电缆，严重影响电缆网的安全运行；且与变电站相连的电缆通道进出口技防装置不足，不法分子有可能通过电缆通道进入变电站，破坏电力设备，影响供电等。

基于上述运行现状，采用现代电子技术、计算机技术、行波定位技术、远程供电和载波通信信号同芯线对共缆传输技术的电力隧道进出口门禁安全管理系统可对进出电力隧道情况做全时记录，并有效防止未经许可人员进入电力隧道。

2. 监测要求

井盖可加装井盖监控装置，监控信号应通过安全接入方式传至隧道监控中心，实现电缆井盖的集中控制、远端开启，以及非法开启报警等功能。

6.3.9 监测新技术

1. 内置测温技术

（1）测试原理。内置测温技术采用无线能量传输技术和射频通信技术同步工作原理，直接测量电缆接头导体运行温度，可用于10～500kV电压等级的电缆中间接头导体运行温度实时监测，为电缆动态增容和安全管理提供数据支持。内置式电缆接头导体测温系统采用无线能量传输技术和射频通信技术同步工作原理，解决了内置式测温传感器的电能供应和信号传输的难题，实现直接测量电缆接头导体运行温度，具有测温精度高、实时性强的优点，系统整体示意如图 6-4 所示。

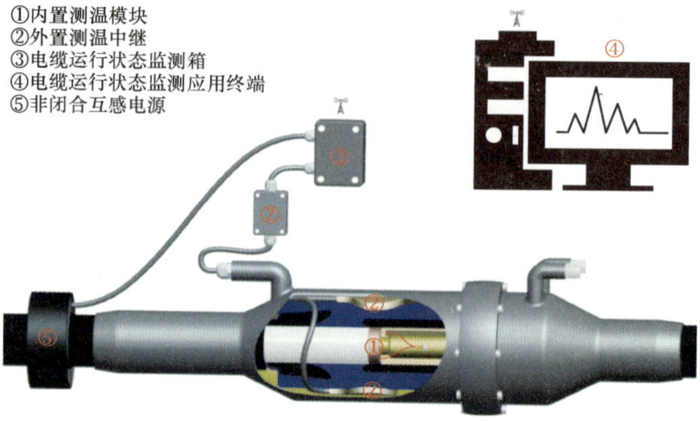

图 6-4　系统整体示意图

其中，外置测温中继通过电磁耦合方式将能量和信号传递到电缆接头导体部位的内置测温模块，内置测温模块获得电能的同时将温度数据以无线电磁波的方式发送至外置测温中继，实现电缆导体温度精准测量，不改变电缆接头物理结构和电气特性，具有安全免维护，安装方便等优点。

（2）测温要求。

1）监测功能。应能实现电缆接头导体温度数据采集和转发。

2）数据记录功能。

3）监测数据应能保存并上传。

4）在短期断电等情况下不发生数据丢失。

5）应能正确记录动态数据，装置异常时应能正确建立动态事件标识；保证记录数据的安全性；装置不应因电源中断、快速或缓慢波动及跌落丢失已记录的动态数据。

（3）自检功能。应具备自检功能，并根据要求将自诊断结果上传。

（4）通信功能。数据通信应符合标准工业控制总线、以太网总线或无线网络。

（5）过热报警功能。提供接头温度过热瓶颈，可在软件系统中预设电缆运行报警温度，一旦发生过热情况，立即报警。预警信息将通过信息发送给相关人员，通知其及时处理。

（6）安全与可靠性要求。

1）不应影响电缆接头的绝缘性能、密封性能及导电性能，且在本装置发生故障时应不影响电缆接头正常运行。

2）应能承受电缆线路发生短路时产生的冲击电流。

3）内置测温单元应与电缆接头同寿命。

（7）结构要求。

1）内置测温单元结构要求。电缆附件有屏蔽罩结构时，外直径与屏蔽罩的外直径一致；电缆附件无屏蔽罩结构时，外直径与电缆主绝缘外直径一致；内置测温单元应无闭合磁路。

2）中继单元结构要求。若铜壳无灌胶孔，需在铜壳上打孔，具体位置与电缆附件厂商定，并应做好妥善的防水措施。

2. 光纤测量振动技术

（1）技术原理。分布式光纤振动传感技术是利用光纤作为传感元件，将“传”和“感”合为一体，传感光纤在外界物理因素（如运动、振动和压力）的作用下，改变光纤中的光纤相位，从而对外界参数进行检测，具体来说是当外界有振动作用于传感光缆时，引起光缆中纤芯发生形变，导致纤芯长度和折射率发生变化，导致光缆中光的相位发生变化。当光在光缆中传输时，由于光子与纤芯晶格间发生作用，不断向后传输瑞利散射光；当外界有振动发生时，背向瑞利散射光的相位随之发生变化，这些携带外界振动信息的信号光，反射回系统主机时，经光学系统处理，将微弱的相位变化转换为光强变化，经光电转换和信号处理后，进入计算机进行数据分析。分布式光纤振动传感系统是一种基于光时域反射技术（OTDR）和光纤干涉技术发展而成的先进的光纤传感技术，它同时具有光时域反射技术定位精度高和光纤干涉技术灵敏度高的特点。

（2）监测要求。

1）系统应具有连续检测振动功能，能实时检测外界振动情况。报警方式除主控机屏幕显示，音效等基本要求外，并可提供符合工业标准的报警输出；报警信息应实时存入数据库，并具有对振动波形的播放功能。

2）能对测量区域在长度上进行分区，对某些区域进行局部重点监测。

3）可以自定义电子地图，以及对电子地图的编辑工作，电子地图会根据事先编辑好的参数信息，真实模拟现场情况进行报警定位功能，实现对监控现场环境的真实模拟，并有显著的报警图标标识出其位置详细信息。

6.4 舟岱大桥电缆线路监测方案

6.4.1 综合监控系统

舟岱桥梁电缆工程电力电缆监控拟采用分布式光纤测温系统，建立电缆综合监控、抢修中心，对电缆本体及其桥梁环境的部分状态进行集中采集与监测。使得电力电缆在桥梁内的运行状况更全方位地被了解，通过对数据的采集、处理、计算，实现多信息多状态监控。

视频系统由摄像、传输、控制、显示几部分组成。摄像机通过同轴视频电缆将视频图像传输到控制主机，控制主机再将视频信号分配到各监视器及录像设备。通过控制主机，操作人员可发出指令，对摄像机进行控制及对镜头进行调焦变倍的操作。利用特殊的录像处理模式，可对图像进行录入、回放、处理等操作，使录像效果达到最佳。

随着技术的发展，移动智能巡检应用越来越广泛，目前较为先进的是机器人巡检。传统的巡检任务范围广、工作量大及其重复性，很容易导致巡检工作不到位，应用巡检机器人能够很好地完成电力巡检任务。机器人在巡检中的应用具有十分重要的意义，将大大提高电力系统自动化程度，同时减少运行人员劳动强度，提高设备巡检质量。目前主要有导轨式机器人、步行机器人和轮式机器人等几种。

舟岱大桥随桥电缆敷设在钢平台上的区段，钢平台采用钢格栅板铺面，同时在伸缩缝位置设置了电缆伸缩补偿装置（OFFSET），步行机器人和轮式机器人在钢平台上运动困难。而导轨式机器人可以安装在箱梁侧壁，运行操作便捷，机器人从上往下有一个良好的视野，故舟岱桥梁电缆工程推荐采用导轨式机器人。机器人的导轨采用膨胀螺栓或者化学螺栓固定于桥梁箱梁本体上，L 型吊挂钢平台结构下导轨机器人布置示意如图 6-5所示，其他结构形式布置方式类同。不同平台结构在区段之间存在一定的空间阻隔，考虑采用多台机器人分段的方案覆盖监控区域。

随桥敷设电缆与架空线路组成整条线路，发生故障时应第一时间判断故障区间，为后续故障抢修和重合闸策略做基础，增加分布式故障定位和电缆接头故障精确定位装置。

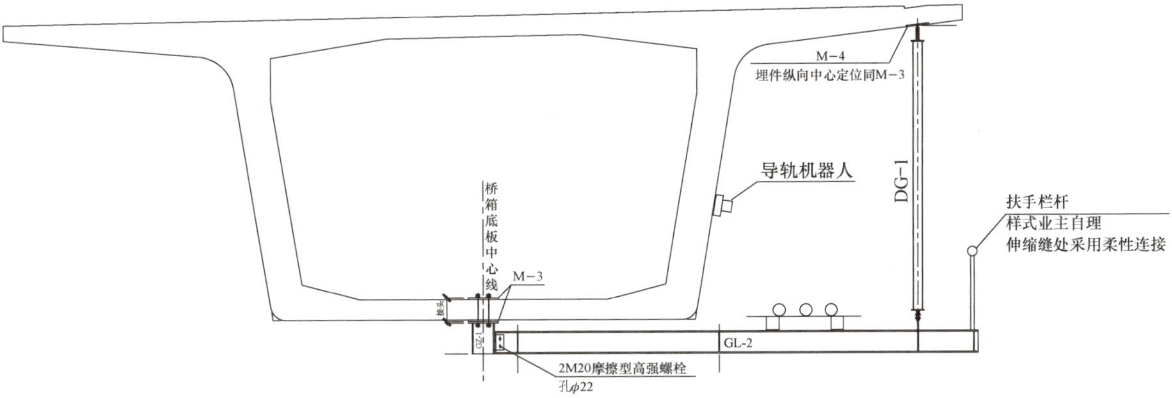

图 6-5　L 型吊挂钢平台结构下导轨机器人布置示意

通过电缆及其运行环境的综合监控系统的实施，进一步提高在输电线路在线监测的整体水平。

根据 2km 设置一台巡检机器人的要求，舟岱桥梁电缆工程舟岱大桥安装机器人 8 套。

6.4.2　消防监测

1. 电缆起火可能的原因

（1）电缆线路发生短路故障产生短路电流或过载。

（2）电缆线路绝缘老化或损坏导致短路。

（3）电缆接头接触不良导致发热并起火。

（4）外来热源或火源引燃电缆着火等。

2. 关于电缆敷设的消防安全标准

目前国内关于电缆敷设的消防安全标准主要有《电力工程电缆设计标准》（GB 50217—2018）、《城市电力电缆线路设计技术规定》（DL/T 5221—2016）、《电气装置安装工程　电缆线路施工及验收标准》（GB 50168—2018）、《城市桥梁设计规范（2019 年版）》（CJJ 11—2011）、《公路安全保护条例》《公路桥涵设计通用规范》（JTG D60—2015）等，但上述规范主要是针对电力隧道、电缆井、电缆沟、电缆夹层的，关于随桥电缆敷设还没有明确的消防规定条文，此领域尚属空白。

6.4.3 桥梁电缆防火安全方案

舟岱桥梁电缆工程的随桥电缆在消防设计时，主要考虑以下 3 个原则：①早期探测预警；②重点部位设防；③防止大面积火蔓延。

1. 早期探测预警

(1) 现有的火灾探测技术。火灾探测报警系统是在火灾发生初期，依据周围温湿度变化以及烟雾覆盖程度等其他特征参数，提前做出预测或者预防的一种应急装置，由触发器、火灾报警装置以及其他辅助装置组装而成的一种预防装置。我国目前应用的火灾探测器按其响应和工作原理基本可分为感烟、感温、火焰、可燃气体探测器以及两种或几种探测器的组合等，其中，感烟探测器一枝独秀，但光纤线性感温探测技术、火焰自动探测技术、气体探测技术、静电探测技术、燃烧声波探测技术、复合式探测技术代表了火灾探测技术发展和开发应用研究的方向。

(2) 各技术的适应性分析。在电缆工程中适用的火灾探测技术有感温电缆、感温光纤、火焰探测、气体探测等。其中感温电缆一般适用于电缆隧道、电缆竖井、电缆夹层、电缆桥架；感温光纤适用于公路隧道、敷设动力电缆的铁路隧道和城市地铁隧道等，需要监测环境温度的地下空间等场所宜设置具有实时温度监测功能的线型光纤感温火灾探测器；火焰探测适用于火灾时有强烈的火焰辐射、可能发生液体燃烧等无阴燃阶段的火灾、需要对火焰做出快速反应的场所；气体探测器适用于散发可燃气体和可燃蒸气的场所。

(3) 推荐的探测预警系统。舟岱桥梁电缆工程推荐使用分布式光纤线型感温火灾探测器。

1) 优势。相比于感温电缆，分布式光纤线型感温火灾探测器的优势如下。

a. 探测器数量少，运维工作少。《线型感温火灾探测器》(GB 16280—2014) 中对感温电缆和感温光纤的长度分别作了规定：分布式光纤线型感温火灾探测器和光纤光栅线型感温火灾探测器敏感部件总长度不大于 15km，缆式线型感温器和线式多点型感温火灾探测器敏感部件总长度不大于 2km。从中国消防产品信息网查询结果显示，感温电缆的敏感长度一般为 200m，而感温光纤的敏感长度一般有 10000m，实际使用感温光纤探测器数量会远小于感温电缆，探测器数量减少，对应的维护保养工作量和误报概率也相应减少。

b. 抗电磁干扰更有优势。感温电缆需要选用带屏蔽线的，一旦屏蔽线破损或产品出厂有缺陷，那么可能会受到电磁辐射影响探测的准确性。感温光纤传输是将电信号经光电调制器转换成了光波信号，通过密闭隔光的光导纤维进行传输，它自身是光波，媒介是绝缘非磁导的有机高分子化学光纤维，一般电磁波和电磁场根本无法干扰。

c. 能监控平时温度。产品选型时需选用取得消防产品证书的感温光纤，同时建议选用标准报警长度不大于 0.5m 的产品。

2）敷设注意事项。感温光纤应在每根电缆表面采用紧贴捆绑敷设方式，分布式感温光纤穿越防火隔断，隔断两侧均应预留 8m 的光纤余量段，如图 6－6 所示；在穿越电缆接头处感温光纤的设置应将感温光纤盘绕成环，贴附于电缆接头处，环的弯曲半径不小于光纤外径的 20 倍，如图 6－7 所示。

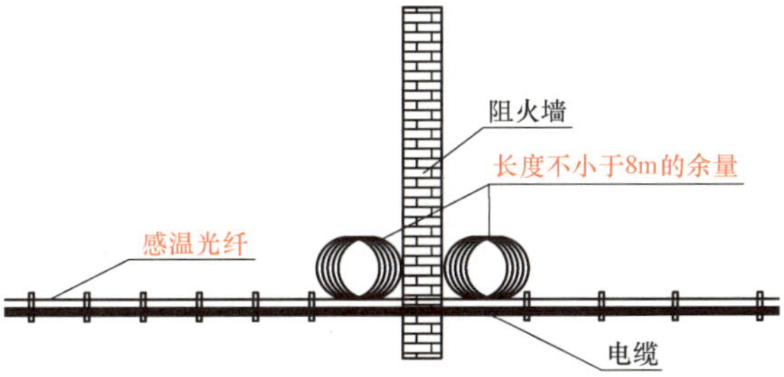

图 6－6　感温光纤穿越防火隔断的做法

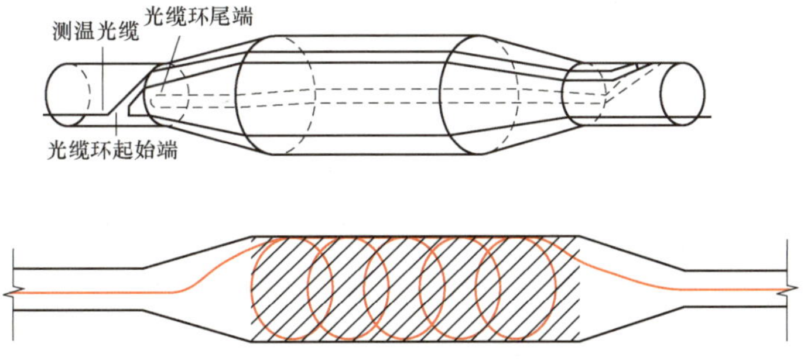

图 6－7　感温光纤在电缆接头处的做法

从提高随桥电缆消防安全方面，在电缆接头处等易发热部位可以考虑增设红外感温探测器，对设在密闭空间（钢箱梁内部）的电缆接头可考虑热解粒子探测器。

2. 重点部位设防

（1）电缆接头处。

1）标准规定。在电缆火灾原因中，电缆接头接触不良导致发热起火是一个重要原因，因此在电缆敷设消防设计中需对电缆接头处进行重点设防。《电力工程电缆设计标准》（GB 50217—2018）中第 7.0.4 条提出了非阻燃电缆用于明敷时的相关规定。

a. 在易受外因波及而着火的场所，宜对该范围内的电缆实施防火分隔；对重要电缆回路，可在适当部位设置阻火段实施阻止延燃；防火分隔或阻火段可采取在电缆上施加防火涂料、阻火包带；当电缆数量较多时，也可采用耐火电缆槽盒或阻火包等。

b. 在接头两侧电缆各约 3m 区段和该范围内邻近并行敷设的其他电缆上，宜采用防火涂料或阻火包带实施阻止延燃。

2）舟岱桥梁电缆工程电缆接头处的设防工作。

a. 电缆接头两侧采用防火包带包覆，建议包绕厚度不小于 20mm，在电缆接头处和穿越桥箱处的缝隙采用防火泥等不燃材料填实。

b. 在钢箱梁内部的电缆接头处设置封闭空间，空间内部设置气溶胶自动灭火设备。气溶胶自动灭火设备建议采用导火索启动方式。

c. 在其他电缆接头处设置的灭火设备可以参考钢箱梁内部的做法，也可以采用导火索式启动的悬挂式超细干粉灭火装置。

（2）OFFSET 伸缩补偿装置处。舟岱桥梁电缆工程在桥梁伸缩缝处采用 OFFSET 伸缩补偿装置吸收伸缩量。OFFSET 伸缩补偿装置尺寸示意如图 6-8 所示。

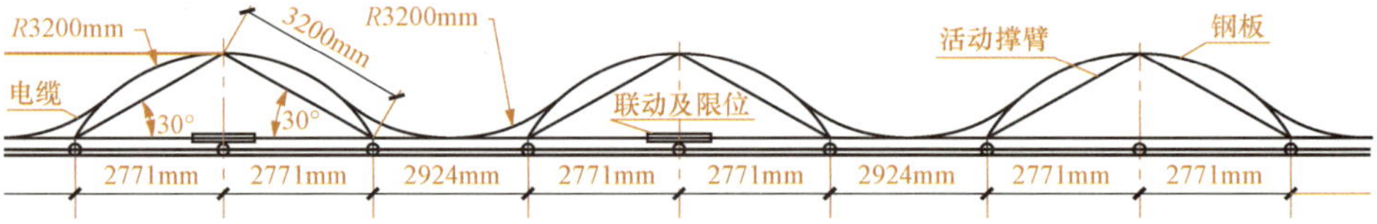

图 6-8 OFFSET 伸缩补偿装置尺寸示意

随桥电缆在 OFFSET 伸缩补偿装置处等位置在施工及运行过程产生预应力，或长期运行时超过金属应力疲劳界限，保护套发生断裂故障，可能导致电缆发热起火，因此建议在 OFFSET 伸缩补偿装置段采用阻火包带保护。

（3）电缆上下桥处。根据国内对 PVC 电缆不同方向上燃烧实验的研究结果表明，在无风或微风状况下，电缆垂直布置的火蔓延速度是水平布置的4～6倍。电缆上下桥处是一重大风险点。舟岱桥梁电缆工程的随桥电缆全线包覆防火包带，在上下桥处不允许设置电缆接头。

3. 防止大面积火蔓延

（1）防火隔断。

1）标准规定。根据《电力工程电缆设计标准》（GB 50217—2018）的7.0.2条，防火分隔方式选择应符合下列规定。

a. 电缆构筑物中电缆引至电气柜、盘或控制屏、台的开孔部位，电缆贯穿隔墙、楼板的孔洞处，工作井中电缆管孔等均应实施防火封堵。

b. 在电缆沟、隧道及架空桥架中的下列部位，宜设置防火墙或阻火段：①公用电缆沟、隧道及架空桥架主通道的分支处；②多段配电装置对应的电缆沟、隧道分段处；③长距离电缆沟、隧道及架空桥架相隔约100m处，或隧道通风区段处，厂、站外相隔约200m处；④电缆沟、隧道及架空桥架至控制室或配电装置的入口、厂区围墙处。

c. 与电力电缆同通道敷设的控制电缆、非阻燃通信光缆，应采取穿入阻燃管或耐火电缆槽盒，或采取在电力电缆和控制电缆之间设置防火封堵板材。

d. 在同一电缆通道中敷设多回路110kV及以上电压等级电缆时，宜分别布置在通道的两侧。

e. 在电缆竖井中，宜按每隔7m或建（构）筑物楼层设置防火封堵。

2）舟岱桥梁电缆工程防火隔断的设置。

a. 电缆大部分布置在开敞空间，开敞空间没有烟气的热集聚效应，热烟气可能引发火蔓延，因此舟岱桥梁电缆工程钢平台上敷设电缆的防火隔断间距可以适当放宽。建议钢平台上敷设的电缆每隔1000m设置一处防火墙或阻火段，防火墙或阻火段的耐火极限不低于1.0h。当采用阻火包时，采取交叉错缝方式堆砌阻火包，阻火包堆砌应整齐、稳固。

b. 电缆穿越钢箱梁时，每个进出箱梁处即为防火隔断。

c. 舟岱桥梁电缆工程的弱电槽盒建议采用耐火极限不低于1h的不燃性产品，槽盒包括底板和盒盖，电缆进出槽盒设置防火封堵。

（2）相间火蔓延可能性分析。舟岱桥梁电缆工程每个回路的3相电缆在钢平台上按水平间距 1D 间距敷设，电缆直径 16cm。从箱梁内部穿过时，电缆呈品字型布置。舟岱桥梁电缆工程电缆接头范围采用防火包带包覆，火灾不会在不同相的电缆之间蔓延。

（3）回路间火蔓延可能性分析。舟岱桥梁电缆工程两回路电缆在钢平台上敷设时分别敷设在大桥的两个桥面下方，其间距较大，为 4.2m，在钢箱梁内部敷设时，间距有 2.1m。舟岱桥梁电缆工程电缆接头两侧 3m 范围内采用防火包带包覆，两个回路之间基本不存在火相互蔓延的可能。其他规范有关于不同电缆回路间距的规定，如《钢铁冶金企业设计防火标准》（GB 50414—2018）中关于不同回路电缆敷设间距不应小于 0.3m。

（4）外部火源导致火蔓延可能性分析。

1）桥面上普通车辆发生火灾，有桥面本身阻隔不会对桥下的电缆产生影响。

2）当大桥上通行的危化品车辆泄漏着火时，会在桥面上形成流淌火，舟岱桥梁电缆工程车的随桥电缆均敷设在桥面以下或钢箱梁内部，桥面上的流淌火不会对随桥电缆产生影响；根据桥梁设计，雨水孔布置在大桥外侧，泄漏的危化品不会通过雨水孔滴落至电缆上，因此大桥上的危化品车辆泄漏着火事故不会对电缆产生影响。

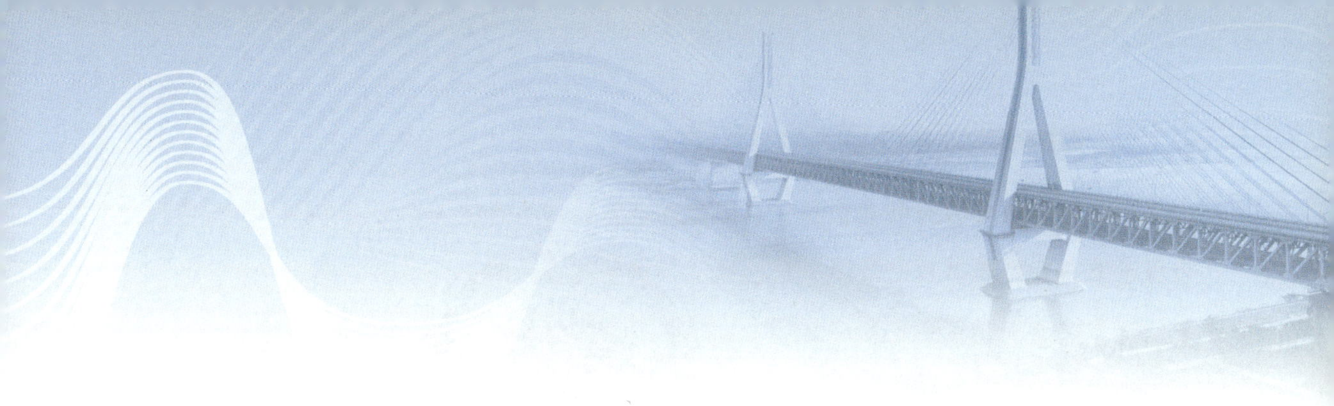

第 7 章　桥梁电缆的机械特性与振动特性分析

针对随桥敷设高压电力电缆的振动—位移问题，开展电缆的热—电—机械多物理场耦合仿真计算以及基于 OFFSET 机构的电缆动态响应分析计算，掌握电缆在不同负荷电流和 OFFSET 机构位移变化下电缆的应力、应变、轴力变化情况；搭建电缆的热—振动联合老化试验平台，在试验平台上对电缆施加负荷电流和机械振动，获得电缆的 XLPE 绝缘在不同振动频率以及不同老化时间下的力学性能、电气性能及微观样貌的差异性；研制电缆振动—应力检测装置，并于现场进行试验测试，获取电缆的振动/应力分布情况，实现对随桥电缆的运行状态的准确评估，为保证桥梁电缆的安全可靠运行提供技术支撑。

7.1　桥梁电缆本体的电—热—力多场耦合仿真分析

7.1.1　电缆本体建模边界条件设置及网格剖分

以某跨海大桥随桥敷设的 220kV 的单芯交联聚乙烯电缆作为研究对象，建立的电缆本体结构模型如图 7 - 1 所示。

设置电缆外侧电磁场边界为长方体，如图 7 - 2 所示，电磁场设置为涡流场求解、设置电缆各层结构的电导率、相对节电常数、相对介电常数；将计算得到的导体的电磁损耗和金属护套的涡流损耗作为热源载荷加载到稳态温度场模块中，在温度场模块中设置求解域中各部分的导热系数，从而形成整个温度场求解域的仿真环境；将获得的电缆温

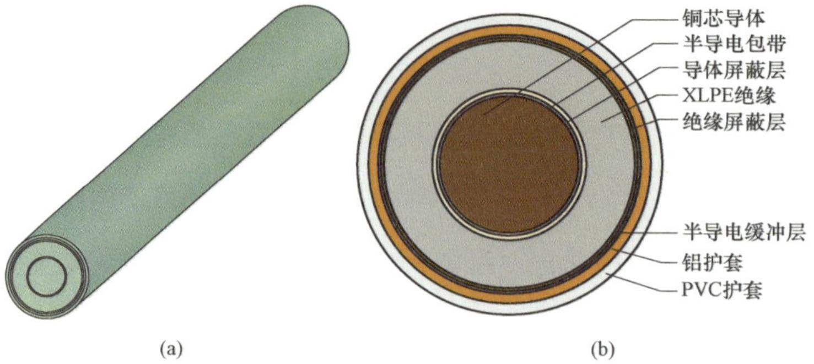

图 7-1 电缆本体结构模型

(a) 电缆本体；(b) 电缆二维截面

度场分布导入结构场实现热应力的求解。温度场设置环境温度为 30℃，传热系数为空气自然对流传热系数，其取值范围 1～10W/（m^2·K），因此取中间值，在仿真中设置为 5W/（m^2·K）进行计算。

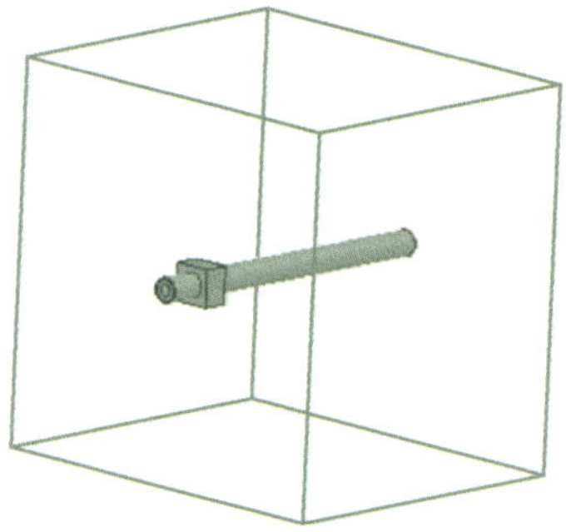

图 7-2 电磁场边界

本节主要采用 ANSYS Mesh 的 Automatic 自由网格划分功能，对电缆模型区域进行四边形单元划分，电缆网格剖分如图 7-3 所示。

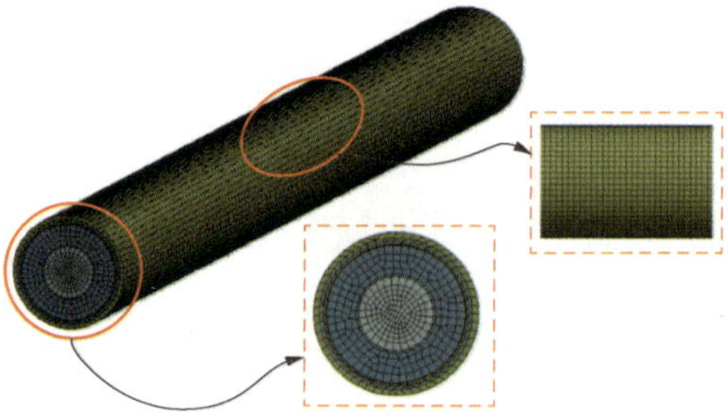

图 7-3 电缆网格剖分

7.1.2　仿真结果与分析

当电缆的缆芯导体截面通入不同的电流有效值分别为 400A、1300A 时，通过 Maxwell 3D 模块的电磁场计算得到电缆本体的电流密度与电磁损耗分布云图，分别如图7-4 和图 7-5 所示。电缆通入的电流越大，相对应的导体上的电流密度、电磁损耗数值越大。受到交变磁场的影响，铝护套上产生感应涡流，在铝护套上产生涡流损耗，通入的电流越大，相对应的铝护套上的感应电流密度、感应涡流损耗数值越大。

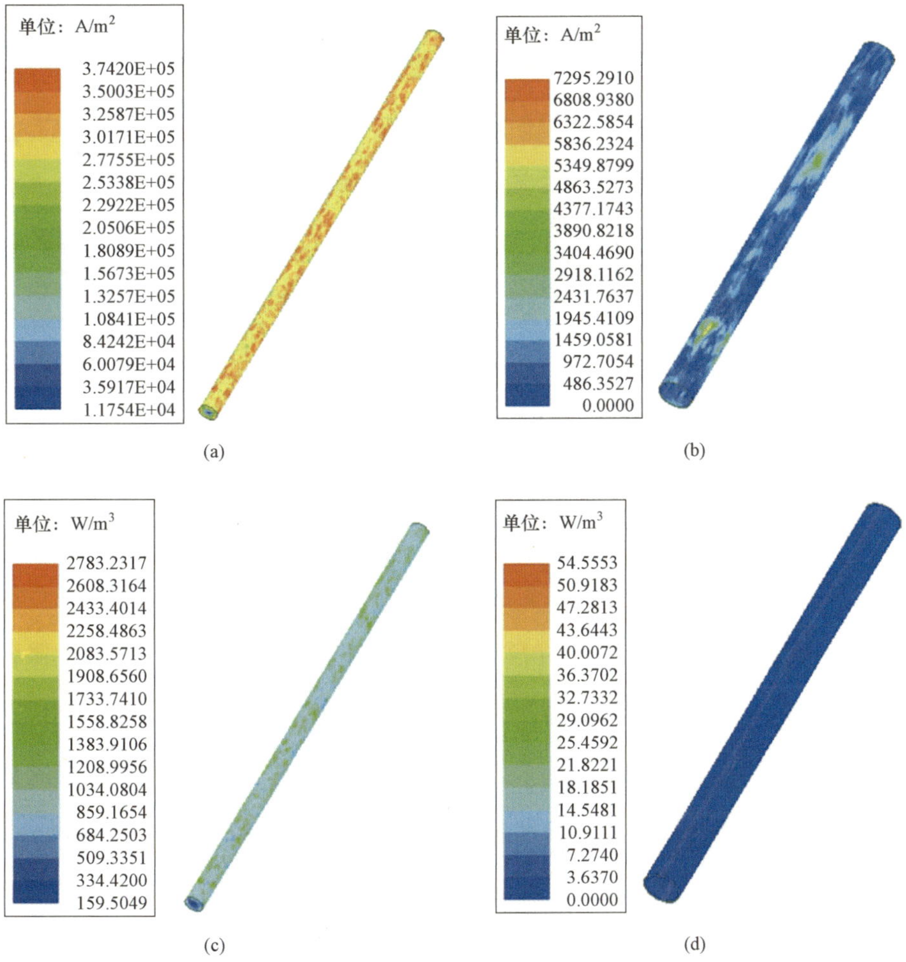

图 7-4　400A 电流下电缆的电流密度与电磁损耗分布云图

(a) 导体电流密度云图；(b) 铝护套电流密度云图；(c) 导体电磁损耗云图；(d) 铝护套电磁损耗云图

将 Maxwell 3D 中计算好的电磁损耗结果通过 update 耦合到 Workbench 的 Thermal 模块中的热源项，进行求解计算，可得到稳态电缆本体的温度场分布。不同电流下电缆

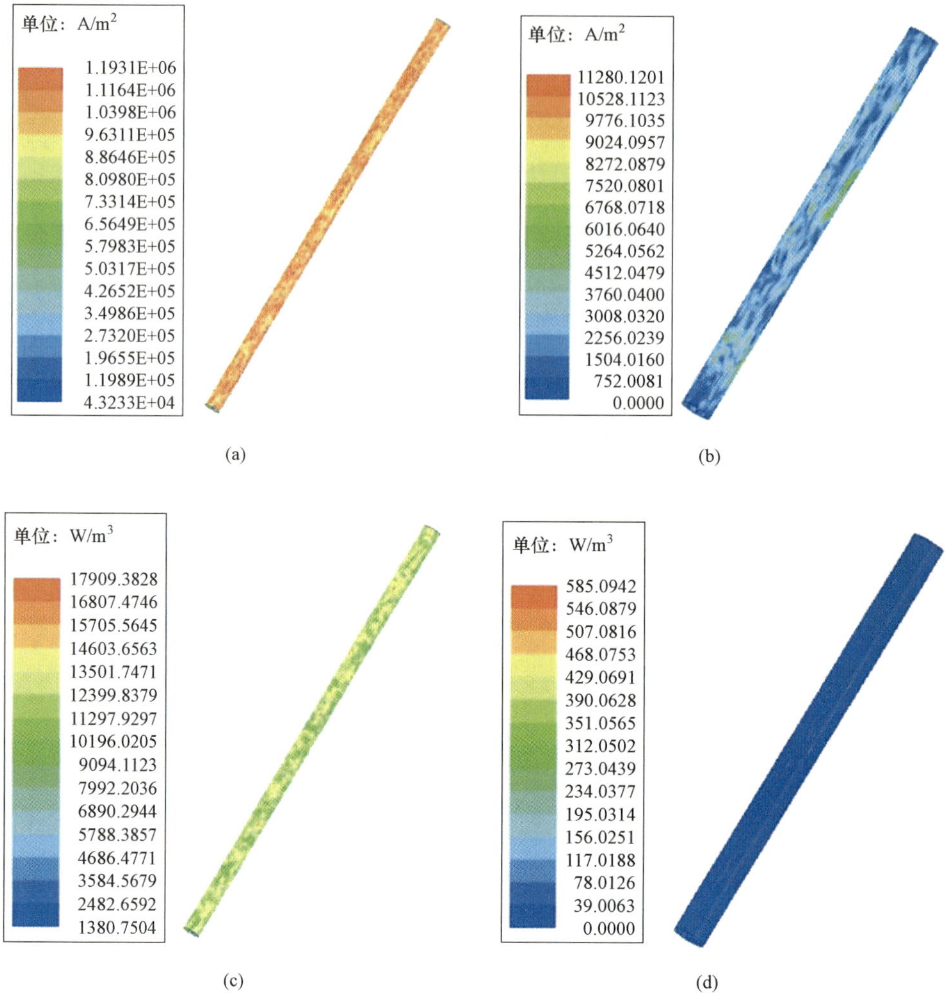

图 7-5 1300A 电流下电缆的电流密度与电磁损耗分布云图

（a）导体电流密度云图；（b）铝护套电流密度云图；（c）导体电磁损耗云图；（d）铝护套电磁损耗云图

本体的温度场分布云图如图 7-6 所示。

将 Workbench 的 Steady - Thermal 模块中计算好的温度场分布结果耦合到 Workbench 的 Static Structural 模块中用于求解电缆结构层上的热应力，获得的热应力分别如图 7-7 和图 7-8 所示。由于电缆受到夹具的固定约束作用，在温度的作用下，夹具处电缆结构层因受到挤压所受的应力最大，应力在电缆本体的中间部分分布起伏较为平缓。此外，相较于非金属材料（XLPE 绝缘），金属材料（导体、铝护套）所受到的应力更大。

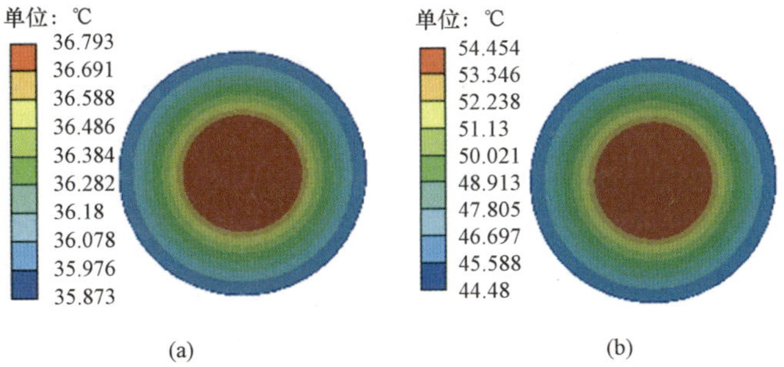

图 7-6　不同电流下电缆本体的温度场分布云图

（a）400A 电流下；（b）1300A 电流下

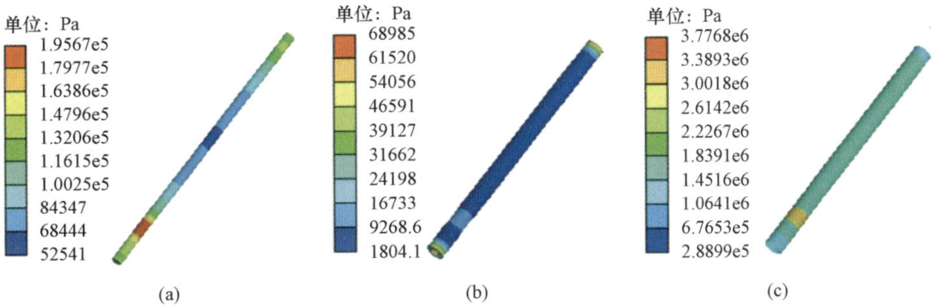

图 7-7　400A 电流下电缆的应力分布云图

（a）导体；（b）XLPE 绝缘；（c）铝护套

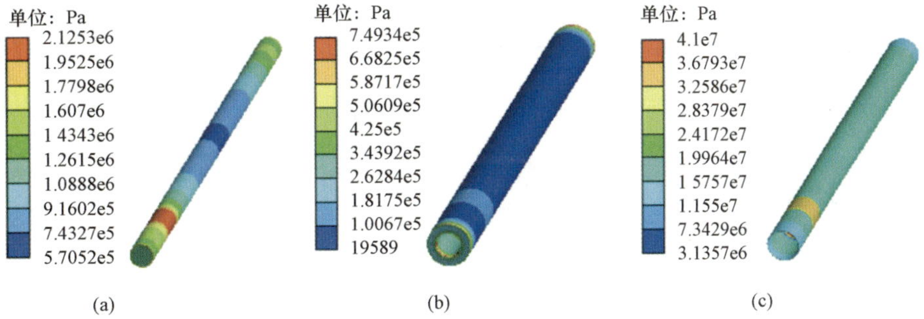

图 7-8　1300A 电流下电缆的应力分布云图

（a）导体；（b）XLPE 绝缘；（c）铝护套

7.2 桥梁电缆的动态响应分析

桥梁的桥面由于受到动载荷的影响（如风力、温度的变化、车辆的通行等），会在其两端产生伸缩位移。当桥梁受到外界环境发生位移变化时，会导致敷设在伸缩缝位置处的电缆频繁伸长和压缩。电缆经过桥梁伸缩缝须采用 OFFSET 进行实时补偿，来降低甚至消除其对电缆运行产生的影响，如果不对电缆的伸缩量进行吸收和补偿，电缆就会承受额外的应力，严重时将会导致电缆外护套、绝缘层及导体发生开裂，进而影响电缆线路的安全运行。OFFSET 机构一般采用一端随着桥梁伸缩变化进行相应的移动，另一端固定的方式，来降低伸缩对电缆运行产生的影响。本项目通过有限元模拟 OFFSET 机构的运动位移，提取 OFFSSET 机构上夹具的位移作为边界条件施加在电缆的两端上实现电缆的动态响应分析。

7.2.1 大幅度位移对电缆影响的模拟试验分析

为验证位移对电缆结构的影响，搭建了大幅度位移移动模拟试验平台，如图 7-9 所示，开展模拟较大位移对电缆结构层的影响试验，试验结果显示，在周期连续的大幅度位移的作用下，电缆的外护套层、金属套层等均出现了断裂情况，绝缘层也受损严重，图 7-10 所示为电缆外护套断裂。图 7-11 所示为抱箍附近电缆外护套受力开裂。

通过这种大幅度位移试验可以验证当不采取补偿措施或补偿不适当将导致电缆结构层失效时将直接造成对电缆结构的损伤。因此有必要对桥梁上用于吸收位移的 OFFSET 装置进行研究和分析，以发挥其效用，达到保护电缆的目的。

7.2.2 试验用 OFFSET 补偿装置

试验用电缆伸缩补偿装置包含 3 个 OFFSET 机构联合组成，且靠近移动端的前 2 个 OFFSET 机构包含差动机构。单个 OFFSET 机构由弹性钢板、活动撑臂、差动机构、连杆机构、滑轮和轨道组成，完整的 OFFSET 装置还包含有固定架、折角机构、移动架、固定端等。电缆伸缩模型如图 7-12 所示。

模拟桥面收缩时，固定在其上的电缆框架随桥面缩进的同时，拉动折角机构右移。

图 7-9　大位移模拟试验平台

图 7-10　电缆外护套断裂

图 7-11　抱箍附近电缆外护套受力开裂

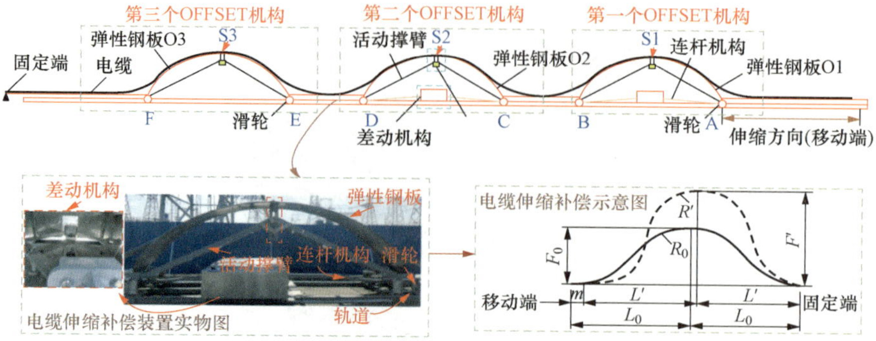

图 7-12　电缆伸缩模型

由于折角机构受拉、受压是刚性的，它会拖动安装在相邻固定桥面上的滑动电缆框架。通过均分连杆机构，滑动电缆框架拉动固定在弧形电缆上的电缆拖架移动。当活动桥面收缩时，弧形电缆弯曲半径增大，伸长量等于动桥面的收缩量。

模拟桥面伸长时，弧形电缆弯曲半径减小，弧弦变短，缩进量等于动桥面的伸长量。当任意桥面弯曲时，折角机构上下转动，弯折力消失，不会向两端电缆框架传递。当两桥端错位时，折角机构水平转动，弯折力也不会向两端电缆框架传递。整个过程中，桥面变形力通过电缆框架、连杆等，均匀分散地作用在电缆弧的数个特定点上。电缆的弧线段，几乎不承受拉力和挤压力。电缆全弧线仅作受限、均匀、在控的弯曲变形。

7.3　桥梁电缆 OFFSET 机构耦合动力学分析与测试

电缆敷设在桥梁上，由于桥梁结构总体属于刚性结构，而电缆本体通过支架及抱箍相对固定于桥梁结构上，具有柔性结构的特点，因此对于桥梁上的电缆线路属于刚柔耦合系统，其动力学属于多柔体系统动力学，采用刚柔耦合的方式能够有效减小动力学分析的计算量、提高计算速度。

7.3.1　刚柔耦合系统的能量和动力学方程

1. 柔性体的表示

在多刚体动力系统中，一个物体的位置可以通过惯性坐标系中的笛卡尔坐标 $r=$

(x, y, z) 以及反映物体方位的欧拉角 $\Psi=(\psi, \theta, \varphi)$ 进行表示。当多刚体动力学系统中存在柔性体时，通过引入浮动坐标系 (e^b)，把柔性体看成有限元模型节点的集合，如图 7-13 所示。

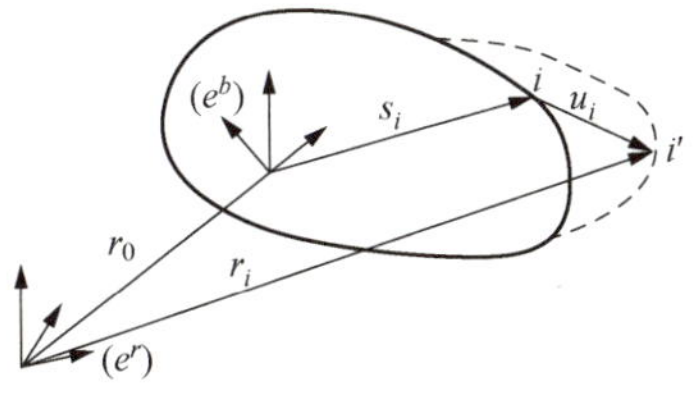

图 7-13　柔性体变形示意

将柔性体单元节点的变形视为模态振型的线性组合，假设模态坐标为 $q=\{q_1, q_2, \cdots, q_m\}^{\mathrm{T}}$（$m$ 为模态坐标数），则柔性体的广义坐标为

$$\boldsymbol{\xi}=[\boldsymbol{r}\quad \boldsymbol{\psi}\quad \boldsymbol{q}]^{\mathrm{T}}=[x\quad y\quad z\quad \psi\quad \theta\quad \varphi\quad q_{i(i=1,\cdots,m)}]^{\mathrm{T}} \tag{7-1}$$

对于柔性体内任一单元节点 i，其在惯性坐标系中的位置向量可描述为

$$\boldsymbol{r}_i=\boldsymbol{r}_0+\boldsymbol{A}(\boldsymbol{s}_i+\boldsymbol{u}_i) \tag{7-2}$$

式中　$\boldsymbol{r}_0$——浮动坐标系在惯性坐标系中的向量；

$\boldsymbol{A}$——惯性坐标系与浮动坐标系间的方向余弦矩阵；

$\boldsymbol{s}_i$——节点 i 在浮动坐标系中未变形时的向量；

$\boldsymbol{u}_i$——柔性位移向量。

节点 i 的相对变形位移向量 $\boldsymbol{u}_i$ 用模态坐标表示，为

$$\boldsymbol{u}_i=\boldsymbol{\varphi}_i\boldsymbol{q} \tag{7-3}$$

式中　$\boldsymbol{\varphi}_i$——对应于节点 i 的移动自由度的模态矩阵。

2. 刚柔耦合系统的能量

节点 i 的移动速度可通过求导得到，即

$$\begin{aligned} v_i&=\frac{\mathrm{d}\,\boldsymbol{r}_i}{\mathrm{d}t}=\frac{\mathrm{d}\,\boldsymbol{r}_0}{\mathrm{d}t}+\frac{\mathrm{d}\boldsymbol{A}}{\mathrm{d}t}(\boldsymbol{s}_i+\boldsymbol{\varphi}_i\boldsymbol{q})+\boldsymbol{A}\frac{\mathrm{d}(\boldsymbol{s}_i+\boldsymbol{\varphi}_i\boldsymbol{q})}{\mathrm{d}t} \\ &=\dot{\boldsymbol{r}}_0-\boldsymbol{A}(\tilde{\boldsymbol{s}}_i+\tilde{\boldsymbol{\varphi}}_i\boldsymbol{q})\boldsymbol{\omega}+\boldsymbol{A}\boldsymbol{\varphi}_i\dot{\boldsymbol{q}}=|\boldsymbol{E}-\boldsymbol{A}(\tilde{\boldsymbol{s}}_i+\tilde{\boldsymbol{\varphi}}_i\boldsymbol{q})\boldsymbol{B}+\boldsymbol{A}\boldsymbol{\varphi}_i|\dot{\boldsymbol{\xi}} \end{aligned} \tag{7-4}$$

式中　$\boldsymbol{\omega}$——浮动坐标系的角速度矢量；

$\boldsymbol{B}$——欧拉角的时间导数与角速度矢量之间的转换矩阵；

$\tilde{\boldsymbol{s}}_i$，$\tilde{\boldsymbol{\varphi}}_i$——分别为 $\boldsymbol{s}_i$，$\boldsymbol{\varphi}_i$ 对应的对称矩阵。

节点 i 的移动角速度为

$$\boldsymbol{\omega}_i=\boldsymbol{\omega}+\boldsymbol{\varphi}'\dot{\boldsymbol{q}} \tag{7-5}$$

式中 $\boldsymbol{\varphi}'$——对应于节点 i 的转动自由度的模态矩阵。

柔性体的动能表达式为

$$T=\frac{1}{2}\int\rho\boldsymbol{v}^{\mathrm{T}}\boldsymbol{v}\mathrm{d}V\approx\frac{1}{2}\sum_{i=1}^{N}(m_i\boldsymbol{v}_i^{\mathrm{T}}\boldsymbol{v}_i+\boldsymbol{\omega}_i^{\mathrm{T}}\boldsymbol{I}_i\boldsymbol{\omega}_i)=\frac{1}{2}\dot{\boldsymbol{\xi}}^{\mathrm{T}}\boldsymbol{M}(\boldsymbol{\xi})\dot{\boldsymbol{\xi}} \tag{7-6}$$

式中 m_i——节点 i 的节点质量；

$\boldsymbol{I}_i$——节点 i 的节点惯性张量；

$\boldsymbol{M}(\boldsymbol{\xi})$——柔性体的质量矩阵。

质量矩阵 $\boldsymbol{M}(\boldsymbol{\xi})$ 按照平动自由度，转动自由度和模态自由度可分块表示为

$$\boldsymbol{M}(\boldsymbol{\xi})=\begin{bmatrix}\boldsymbol{M}_{\mathrm{tt}} & \boldsymbol{M}_{\mathrm{tr}} & \boldsymbol{M}_{\mathrm{tm}}\\ \boldsymbol{M}_{\mathrm{tr}} & \boldsymbol{M}_{\mathrm{rr}} & \boldsymbol{M}_{\mathrm{rm}}\\ \boldsymbol{M}_{\mathrm{tm}} & \boldsymbol{M}_{\mathrm{rm}} & \boldsymbol{M}_{\mathrm{mm}}\end{bmatrix} \tag{7-7}$$

其中

$$\begin{cases}\boldsymbol{M}_{\mathrm{tt}}=\boldsymbol{I}^1\boldsymbol{E}\\ \boldsymbol{M}_{\mathrm{tr}}=-\boldsymbol{A}[\boldsymbol{I}^2+\boldsymbol{I}_j^3q_j]\boldsymbol{B}\\ \boldsymbol{M}_{\mathrm{tm}}=\boldsymbol{A}I^3\\ \boldsymbol{M}_{\mathrm{rr}}=\boldsymbol{B}^{\mathrm{T}}[\boldsymbol{I}^7-(\boldsymbol{I}_j^8+\boldsymbol{I}_j^{8\mathrm{T}})q_j-\boldsymbol{I}_{ij}^9q_iq_j]\boldsymbol{B}\\ \boldsymbol{M}_{\mathrm{rm}}=\boldsymbol{B}^{\mathrm{T}}[\boldsymbol{I}^4+\boldsymbol{I}_j^5q_j]\\ \boldsymbol{M}_{\mathrm{mm}}=\boldsymbol{I}^6\end{cases} \tag{7-8}$$

式中 下标 t、r、m——分别代表平动自由度，转动自由度和模态自由度；

$\boldsymbol{I}^1\sim\boldsymbol{I}^9$——惯性时不变矩阵，通过有限元模型计算获得。

柔性体的势能包含弹性势能和重力势能两部分，可表示为

$$\begin{cases}W=W_g(\boldsymbol{\xi})+\dfrac{1}{2}\boldsymbol{\xi}^{\mathrm{T}}\boldsymbol{K}\boldsymbol{\xi}\\ W_g=\int\rho r_i\boldsymbol{g}\mathrm{d}W=\int\rho[\boldsymbol{r}_0+\boldsymbol{A}(\boldsymbol{s}_i+\boldsymbol{\varphi}_i\boldsymbol{q})]\boldsymbol{g}\mathrm{d}W\end{cases} \tag{7-9}$$

式中 W_g——重力势能，通过对W_g求导可得到重力F_g；

$\boldsymbol{g}$——重力加速度矢量；

$\boldsymbol{K}$——对应模态坐标 $\boldsymbol{q}$ 中的刚度矩阵，为常量。

柔性体变形运动过程中，会有能量损耗产生，能量损耗的大小取决于阻尼力的大小，而阻尼力依赖于广义模态速度，能量损耗函数可表示为

$$\Gamma=\frac{1}{2}\dot{\boldsymbol{q}}^{\mathrm{T}}\boldsymbol{D}\dot{\boldsymbol{q}} \tag{7-10}$$

其中 $\boldsymbol{D}$ 为常数对称矩阵，包含柔性体阻尼系数 d_{ij}。通过引入正交模态振型，将阻尼矩阵视为模态矩阵 c_i 的对角矩阵。对于每个正交模态的阻尼率，其数值可以有不同的取值，还可以取值为该模态的临界阻尼 c_i^{cr} 的比值。

3. 刚柔耦合动力学方程

刚性体和柔性体的耦合通过动力学运动方程建立关联，采用下列拉格朗日方程描述柔性体的运动，即

$$\begin{cases}\dfrac{\mathrm{d}}{\mathrm{d}t}\left(\dfrac{\partial L}{\partial\dot{\boldsymbol{\xi}}}\right)-\dfrac{\partial L}{\partial\boldsymbol{\xi}}+\dfrac{\partial\Gamma}{\partial\dot{\boldsymbol{\xi}}}+\left[\dfrac{\partial\psi}{\partial\boldsymbol{\xi}}\right]^{\mathrm{T}}\lambda-\boldsymbol{Q}=0\\ \psi=0\end{cases} \tag{7-11}$$

式中　ψ——代数约束方程；

λ——约束方程对应的拉格朗日乘子；

$\boldsymbol{\xi}$——柔性体的广义坐标；

$\boldsymbol{Q}$——投影到广义坐标的广义力；

L——拉格朗日项，$L=T-W$（T 和 W 分别为柔性体的动能和势能）；

Γ——能量损失函数。

将计算得到的 L、T、W 代入式（7-11），得到柔性体的运动微分方程为

$$\boldsymbol{M}\ddot{\boldsymbol{\xi}}+\dot{\boldsymbol{M}}\dot{\boldsymbol{\xi}}-\frac{1}{2}\left[\frac{\partial\boldsymbol{M}}{\partial\boldsymbol{\xi}}\dot{\boldsymbol{\xi}}\right]^{\mathrm{T}}\dot{\boldsymbol{\xi}}+\boldsymbol{K}\boldsymbol{\xi}+f_{\mathrm{g}}+\boldsymbol{D}\dot{\boldsymbol{\xi}}+\left[\frac{\partial\psi}{\partial\boldsymbol{\xi}}\right]^{\mathrm{T}}\lambda=\boldsymbol{Q} \tag{7-12}$$

式中　$\boldsymbol{\xi}$、$\dot{\boldsymbol{\xi}}$、$\ddot{\boldsymbol{\xi}}$——分别为柔性体的广义坐标及其对时间的一阶、二阶导数；

$\boldsymbol{M}$、$\dot{\boldsymbol{M}}$——分别为柔性体的质量矩阵及其对时间的一阶导数；

$\dfrac{\partial\boldsymbol{M}}{\partial\boldsymbol{\xi}}$——质量矩阵对柔性体广义坐标的偏导数。

7.3.2　OFFSET 机构的刚柔耦合动力学分析与建模

OFFSET 机构在运动过程中，连杆的运动带动弧形钢板的弯曲变化运动，弧形钢板

发生形变位移，而连杆机构几乎不发生形变变化，故在 OFFSET 机构运动中只考虑弧形钢板的形变位移情况，可将连杆设置成刚性体，弧形钢板设置成柔性体。OFFSEFT 机构采用刚柔耦合动力学方法进行建模可以使动力学仿真的结果更加接近实际情况。

通过现场实际测量 OFFSET 机构各零部件的长度、宽度、厚度，在 Solidworks 2018 软件中单独对各零件进行等比例建模。建模过程中，将滑轮与轨道的滚动接触当作平动接触，完成 OFFSET 机构的各零件的三维模型建模后，还需要对其进行装配，组合成 OFFSET 机构装配体。将该格式文件导入 Ansys Workbench 的 Transient Structural 模块中，定义弹性钢板部件为柔性体，其余部件为刚性体，进而实现 OFFSET 机构刚柔耦合动力学模型的建立，OFFSET 机构刚柔耦合动力学模型如图 7 - 14 所示。

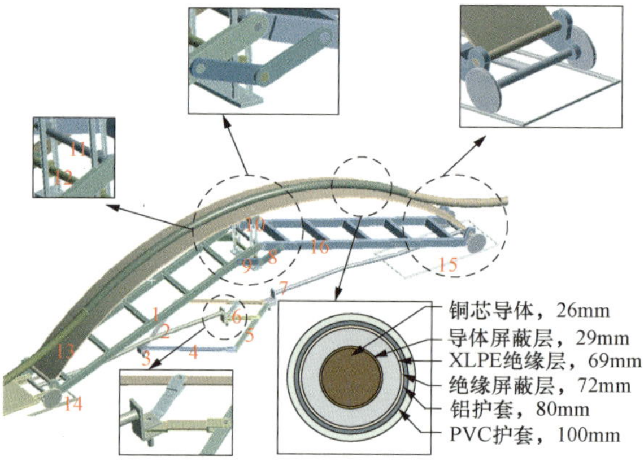

图 7 - 14　OFFSET 机构刚柔耦合动力学模型

有限元模型的网格划分本质上是对有限元模型进行离散化的一个过程，采用 Automatic mesh 的方式对弹性钢板的网格进行剖分，如图 7 - 15 所示。

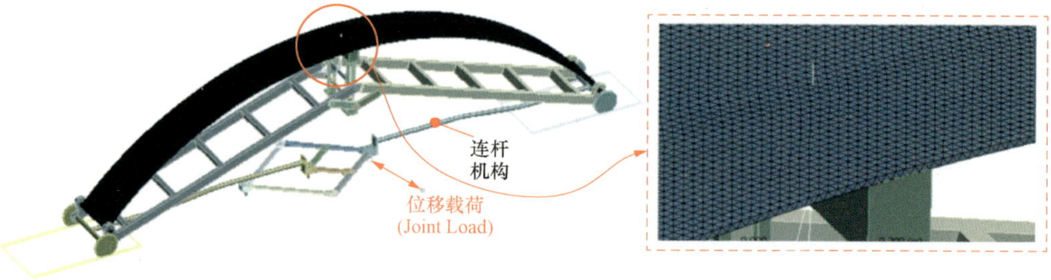

图 7 - 15　弹性钢板网格示意

7.3.3 OFFSET机构刚柔耦合动力学计算结果与分析

通过在靠近移动端的第一个OFFSET中的连杆机构的底座底端施加位移载荷(Joint Load)模拟桥梁伸缩位移。当OFFSET机构处于拉伸状态的最大位置时，通过有限元模拟OFFSET机构在不同收缩位移分别为100mm、300mm、500mm，获得机构上弹性钢板的位移分布，不同收缩位移载荷状态下OFFSET上的弹性钢板的位移分布趋势如图7-16所示，从图可知：收缩位移载荷数值越大，连杆带动差动机构的移动幅值越大，电缆弯曲的幅度越大，故作用在电缆上的位移越大。

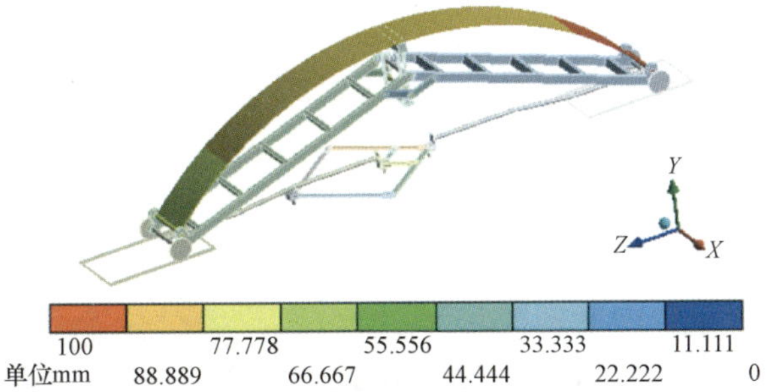

(a)

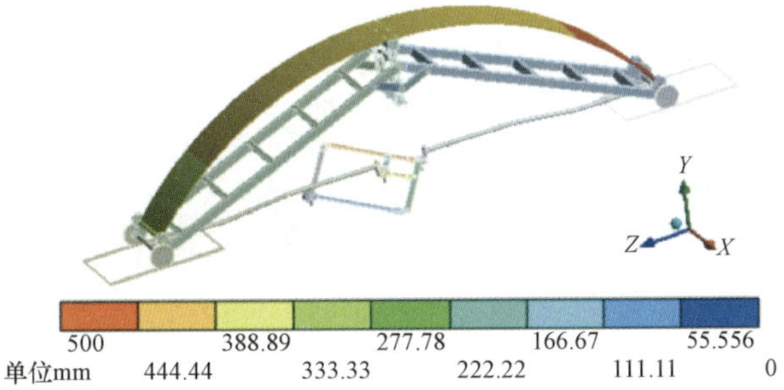

(b)

图7-16 不同收缩位移载荷状态下OFFSET上的弹性钢板的位移分布趋势

(a) 100mm的位移；(b) 500mm的位移

位移的试验测量值与仿真值基本一致，且两者的绝对误差均不超过1%，验证所建立的OFFSET机构刚柔耦合动力学有限元仿真模型的有效性，该模型可用于后续对OFFSET机构上布置的电缆进行分析。根据实验与仿真的位移结果可知，A点、B点、C点、D点、E点、F点的位移呈现3∶2∶2∶1∶1∶0的比例关系，在OFFSET机构在运动过程中，3个弧形机构的补偿量一样，平分补偿前端产生的位移；钢板最高点的

水平位移 S_{1H}、S_{2H}、S_{3H} 呈现 5∶3∶1 的比例关系；钢板最高点的垂直位移 S_{1V}、S_{2V}、S_{3V} 呈现 1∶1∶1 的比例关系。

在验证所建立 OFFSET 刚柔耦合动力学有限元仿真模型的有效性之后，通过改变位移载荷（Joint Load）的输入位移值，获得 OFFSET 机构在不同收缩位移处弹性钢板的曲率变化情况。OFFSET 在收缩过程中，收缩位移变大时，弹性钢板的曲率变大，同理，在拉伸过程中，拉伸位移变大时，弹性钢板的曲率将变小。

7.3.4 桥梁电缆线路机械性能的现场测试

测量 OFFSET 机构的位移，获取 OFFSET 机构对移动端的位移分配补偿过程；含 OFFSET 机构的桥梁电缆线路模拟试验平台如图 7-17 所示，包括 OFFSETZ 装置、大电流发生装置、振动位移监测装置等。电缆通过抱箍固定在 OFFSET 上，并利用大电流发生装置在电缆导体中施加不同的电流。

(a)

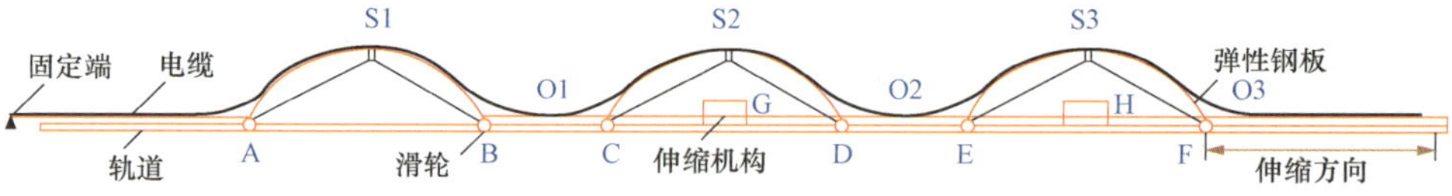

(b)

图 7-17 OFFSET 结构

(a) 现场 OFFSET 结构；(b) 简化示意图

利用激光测距仪分别测量 OFFSET 的伸缩弧结构在水平方向和垂直方向上的位移情况以及底下伸缩机构水平位移情况，激光测距仪固定位置在上方移动机构与下方水平地面上（并对准测量点）如图 7-18 所示。

图 7 - 18　激光测距仪测点

1. 收缩过程中的补偿比例关系

OFFSET 机构在收缩过程中，其补偿比例关系如图 7 - 19 所示。

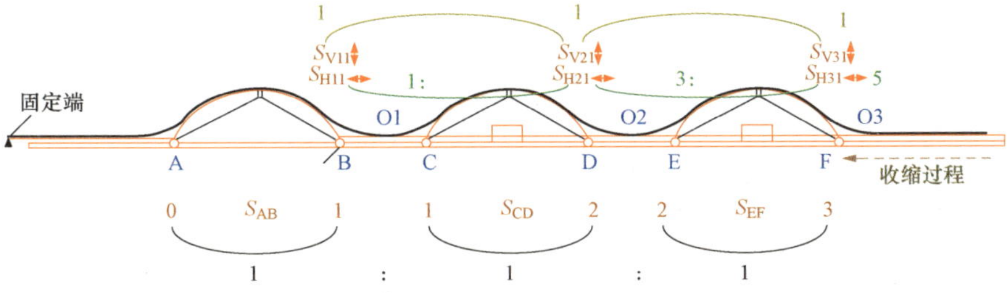

图 7 - 19　收缩过程中的补偿比例关系

(1) A、B、C、D、E、F 的位移呈现。$S_{AB}:S_{CD}:S_{EF}=1:1:1$。即在 OFFSET 在运动过程中，3 个弧形机构的补偿量一样，平分补偿前端产生的收缩位移。

(2) 钢板顶端的水平位移呈现。$S_{H11}:S_{H21}:S_{H31}=1:3:5$。

(3) 钢板顶端的垂直位移呈现。$S_{V11}:S_{V21}:S_{V31}=1:1:1$。

2. 拉伸过程中的补偿比例关系

OFFSET 机构在拉伸过程中，其补偿比例关系如图 7 - 20 所示。

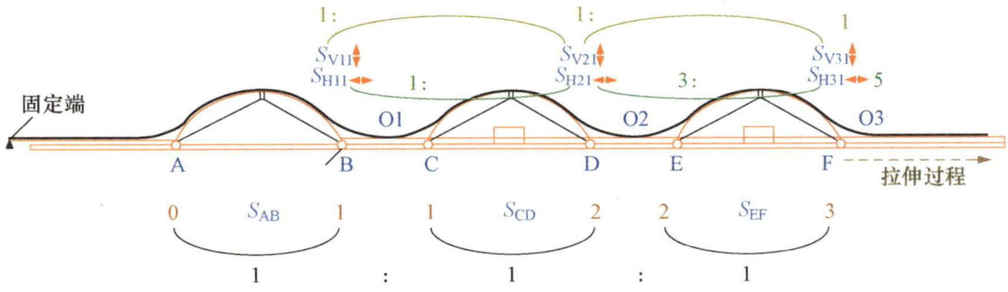

图 7 - 20　收缩过程的位移比例关系图

(1) A、B、C、D、E、F 的位移呈现。$S_{AB}:S_{CD}:S_{EF}=1:1:1$。即在 OFFSET

在运动过程中，3 个弧形机构的补偿量一样，平分补偿前端产生的拉伸位移。

（2）钢板顶端的水平位移呈现。$S_{H11}:S_{H21}:S_{H31}=1:3:5$。

（3）钢板顶端的垂直位移呈现。$S_{V11}:S_{V21}:S_{V31}=1:1:1$。

7.4 桥梁电缆结构动力学模型仿真分析与测试

利用仿真方法对桥梁敷设电缆整体结构的力学特性进行模拟，针对桥梁敷设电缆线路整体结构特点，分别建立电缆有限元模型、电缆—支架有限元模型和桥梁有限元模型。

7.4.1 电缆有限元模型

对于电缆有限元模型，依据不同设计参数进行力学特性分析。

7.4.2 电缆—支架有限元模型

电缆—支架有限元模型分为电缆本体与电缆支架两部分。

1. 电缆本体

依据电缆本体的质量分布和刚度分布特征，采用梁单元对电缆线进行模拟。

2. 电缆支架

依据支架的刚度和阻尼特性，采用弹簧—阻尼单元对电缆支架进行模拟。

7.4.3 桥梁有限元模型

对于桥梁有限元模型，考虑电缆支架位置分布，利用梁单元对桥梁进行模拟。

桥梁分析模型采用长度为 30m 的简支梁桥，桥梁横截面面积 $A=4.8\ m^2$，截面惯性矩 $I=2.5498\ m^4$，材料弹性模量 $E=5\times10^{10}N/m^2$，材料密度 $\rho=2.5\times10^3 kg/m^3$。

根据电缆沿桥梁敷设的结构形式，根据上节中对电缆支架的约束假定，建立桥梁—电缆结构分析模型，如图 7-21 所示。在模型中电缆通过弹簧阻尼元件与桥梁相连，桥上车辆荷载假定为移动集中力后作用在桥梁上。

根据桥梁分析模型的参数，在 ANSYS 中采用 BEAM188 单元进行模拟，建立桥梁的有限元模型。当车辆在桥梁上经过时，主要引起桥梁垂直方向的响应。针对桥梁的响

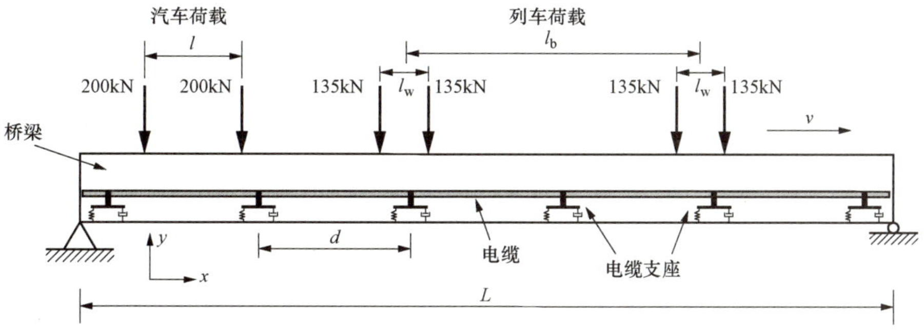

图 7-21 桥梁—电缆结构分析模型

应特点，将桥梁平面外的平动自由度进行约束，并约束了平面外的扭转和弯曲自由度且忽略桥梁的轴向变形，简化为平面内梁的弯曲问题。对桥梁两端节点施加垂直方向的平动自由度约束，得到桥梁的有限元模型。桥梁的前 6 阶自振频率见表 7-1，相应的振型如图 7-22 所示。

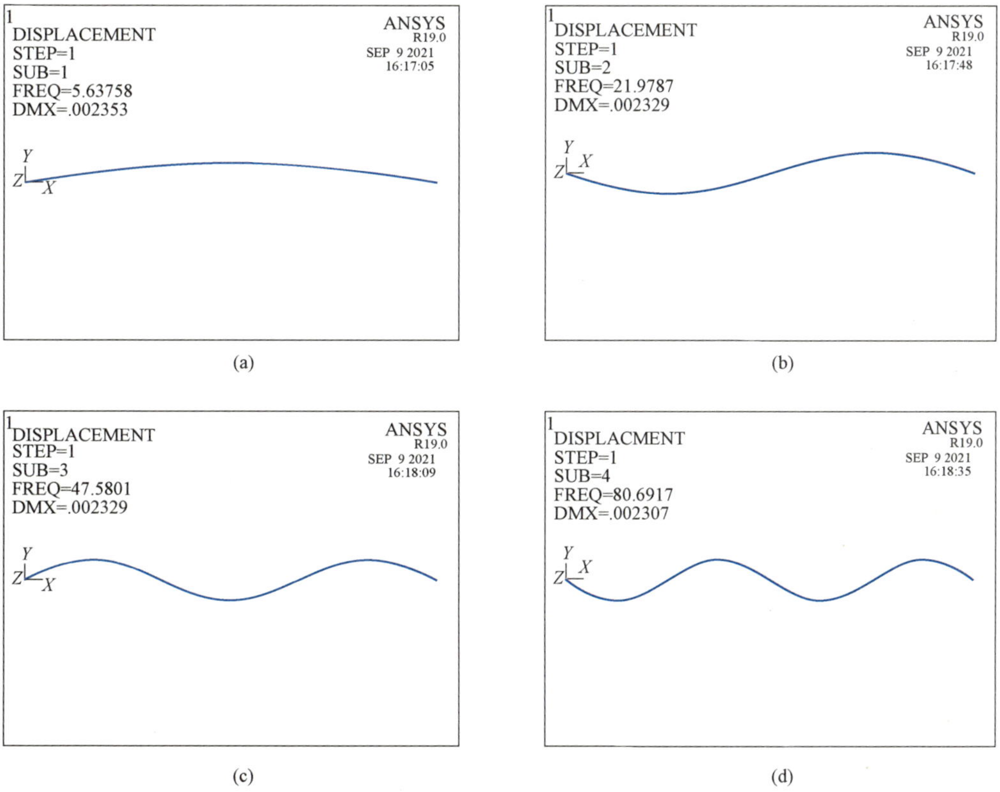

图 7-22 桥梁的各阶振型图

(a) 第 1 阶；(b) 第 2 阶；(c) 第 3 阶；(d) 第 4 阶

表 7-1 桥梁的前 6 阶自振频率

阶次	1	2	3	4	5	6
频率（Hz）	5.64	21.98	47.58	80.69	119.71	163.36

由图 7-22 可以看出，桥梁的振型与单个电缆的振型的形状基本相同，存在明显的对称性。

7.5 电缆—支架动力学结构分析与测试

敷设在桥梁上的电缆通过支架与桥梁固定，桥梁因受到载荷而发生振动，其振动响应作为激励作用于支架，为模拟电缆和支架之间的接触和力学传递过程，针对电缆支架开展动力学特性，建立电缆支架的动力学简化模型，将载荷模拟为随机过程，应用虚拟激励法求解平稳、非平稳支架载荷作用下的系统随机响应，研究多支架位移对电缆随机响应特性的影响，判断电缆的易受力集中点，分析电缆结构的损坏过程。

7.5.1 桥梁—电缆结构动力学模型的自振特性分析

在已经建立的多个电缆有限元模型和桥梁有限元模型的基础上，采用等效的电缆支架刚度，将电缆和桥梁结构实现连接，得到电缆—桥梁结构的有限元模型。由于假定了电缆在支架处无法发生转动，因此只将对应节点沿 y 轴（垂直方向）的平动位移进行连接。

为了研究电缆的蛇形敷设对桥梁电缆结构自振特性的影响，在采用水平敷设方式的基础上，建立电缆蛇形敷设的桥梁—电缆结构的有限元模型，电缆蛇形敷设的基本形状如图 7-23 所示，W_s为蛇形幅宽，L_s为蛇形节距（与电缆支架间距等长度）。

在该桥梁—电缆有限元模型中，每一个电缆的左右两侧支架以及支架中间节点的 z 轴坐标为 0，而其余节点的 z 轴坐标不为 0。在考虑电缆蛇形敷设的模型中，蛇形幅宽取 1.5 倍的电缆直径，即幅宽为 240mm，支架间距及等效刚度和阻尼参数与直线形敷设电缆有限元模型参数保持一致。

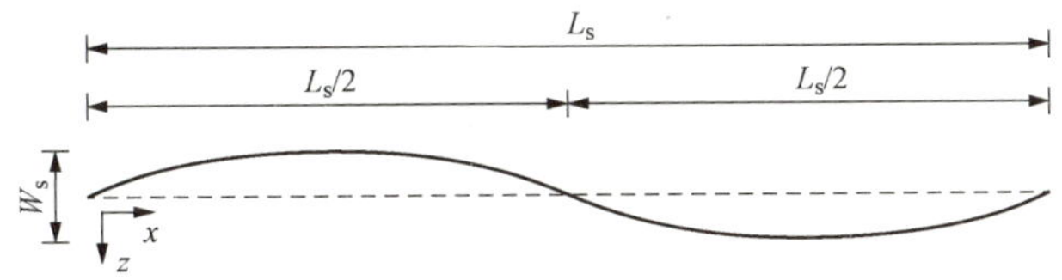

图 7-23　蛇形敷设基本形状

电缆水平敷设（直线型敷设）和蛇形敷设时，桥梁—电缆结构的前 10 阶自振频率分别见表 7-2 和表 7-3，相应的振型如图 7-24 所示。

表 7-2　桥梁—电缆结构的前 10 阶自振频率（水平敷设）

阶次	1	2	3	4	5	6	7	8	9	10
自振频率（Hz）	0.44	0.49	0.62	0.78	0.94	1.82	1.92	2.17	2.47	2.75

表 7-3　桥梁—电缆结构的前 10 阶自振频率（蛇形敷设）

阶次	1	2	3	4	5	6	7	8	9	10
自振频率（Hz）	0.44	0.49	0.61	0.78	0.93	1.81	1.92	2.16	2.46	2.74

由图 7-24 并结合多个电缆的振型可以看出，在桥梁—电缆结构体系中，前 10 阶的振型均表现为电缆的振型，而没有出现桥梁的振型，原因在于电缆的自振频率低于桥梁的自振频率。

7.5.2　电缆结构平稳随机振动分析

为了进一步获得电缆的频谱特性，首先进行电缆在平稳随机激励作用下的位移功率谱特性分析。分别在电缆左侧支架相连的刚性地基施加随机位移激励以及电缆左右两侧的刚性地基施加随机位移激励。两种随机激励的自谱均为 $S_0=1.0\ \mathrm{m^2/Hz}$，利用虚拟激励法，分别计算频率分析范围为 0～20Hz，频率步长为 0.02Hz 条件下的电缆支架中间位置的位移功率谱，以及电缆左侧端点的位移功率谱。

两种计算工况下电缆支架中间位置的位移功率谱曲线和左侧端点位置的位移功率谱曲线分别如图 7-25 和图 7-26 所示。

从图 7-25 和图 7-26 中可以看出，在两种工况中电缆支架中间位移响应功率谱曲线

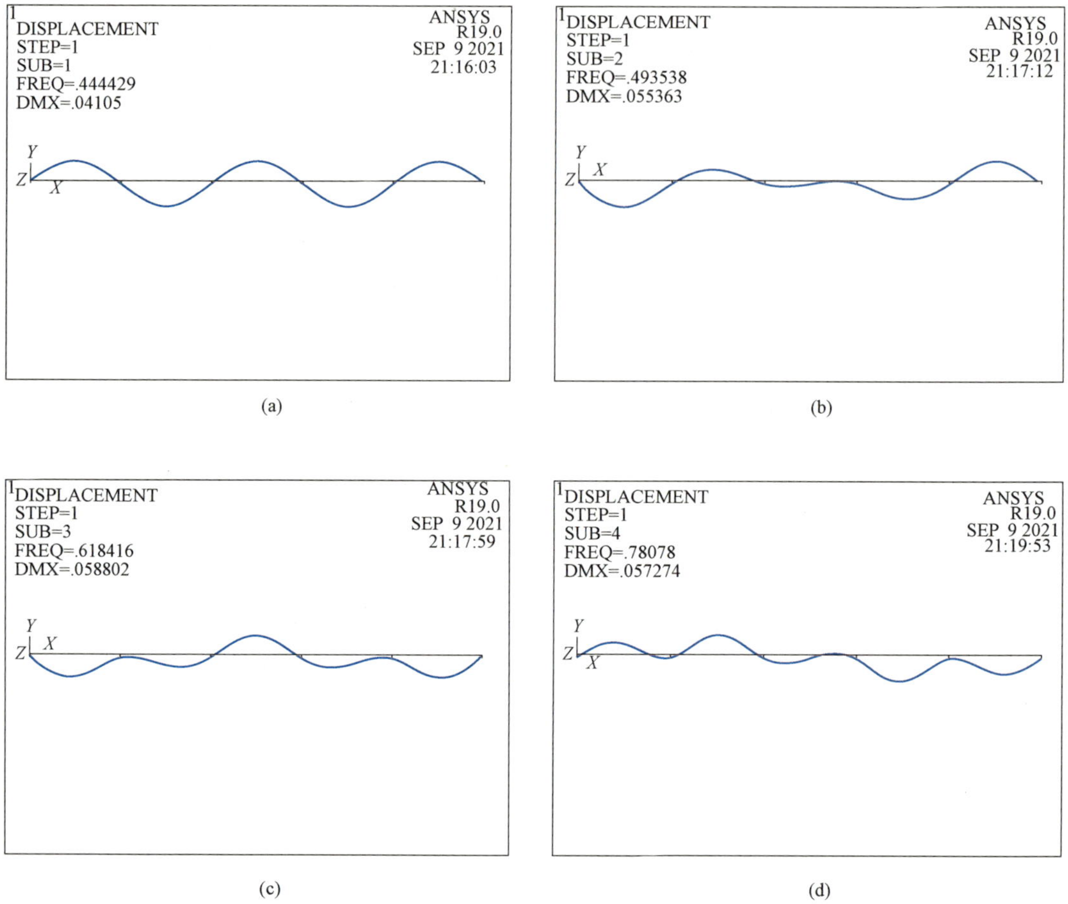

图 7-24 电缆各阶振型

(a) 第 1 阶；(b) 第 2 阶；(c) 第 3 阶；(d) 第 4 阶

的峰值均出现在单个电缆的自振频率附近，且功率谱最高的峰出现在第 1 阶自振频率附近。从电缆左侧端点位移功率谱曲线可知，由于支架的支撑刚度非常大，使得端点处的振动与刚性地基的振动趋势基本一致，计算得到的电缆端点处位移功率谱呈现出白噪声的特性，但数值比随机激励的功率谱值要小。表明支架刚度和阻尼的存在，具有一定的隔振效果。

7.5.3 电缆随机振动位移响应分析

为了进一步获得桥梁—电缆结构的自振特性和频谱特性，利用已经建立的桥梁—电缆结构有限元模型，进行沿桥敷设电缆的随机振动位移响应分析。在桥梁支架中间位置

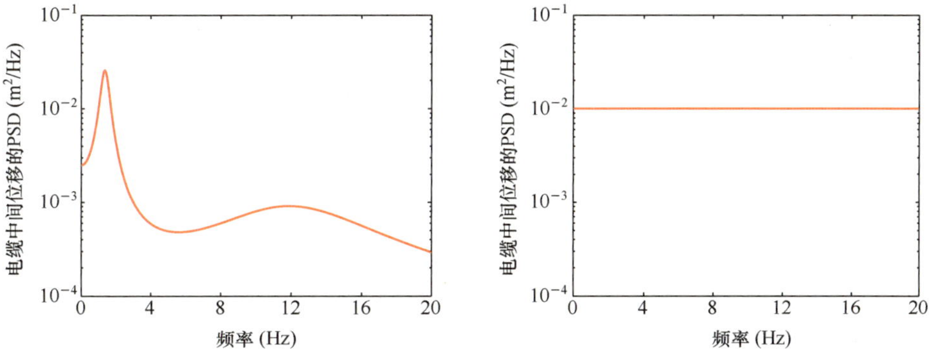

(a)　　(b)

图 7 - 25　电缆支架位移功率谱（单个电缆单点激励）

（a）中间；（b）左侧端点

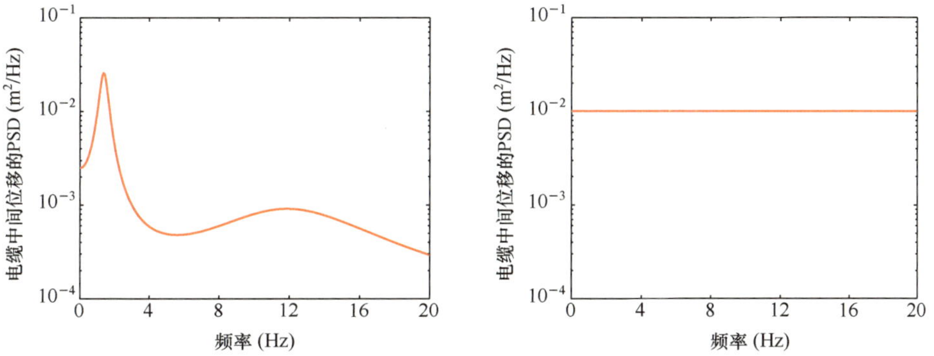

(a)　　(b)

图 7 - 26　电缆支架位移功率谱（单个电缆两点激励）

（a）中间；（b）左侧端点

处施加垂直方向的随机集中荷载，其自谱$S_{ff}=1.0\ m^2/Hz$。采用虚拟激励法，计算桥上 5 个电缆支架中间位置处的垂向位移响应功率谱。

各个电缆支架中间位置的垂向位移响应功率谱曲线如图 7 - 27 所示。

可以看出，在各个电缆位移功率谱曲线中，其两个主要峰值分别出现在 0.94Hz 和 5.6Hz 附近，结合桥梁的自振频率和桥梁—电缆结构的自振频率可知，第 1 个峰值对应桥梁—电缆结构的第 5 阶自振频率，而第 2 个峰值对应桥梁结构的第 1 阶自振频率。对比不同个电缆的位移响应功率谱可知，第 3 个电缆支架中间位移功率谱的值比其他个电缆的位移功率谱值大，表明桥梁中部的电缆响应比邻近桥两端电缆的响应更显著一些。

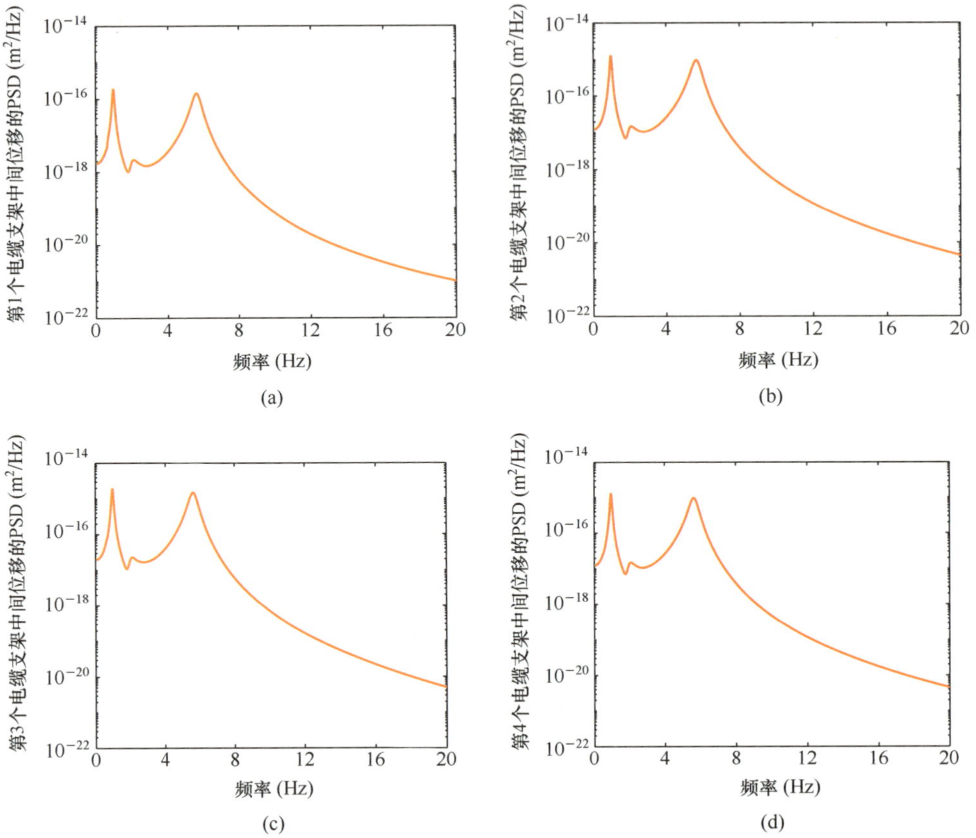

图 7-27　电缆支架中间位移功率谱

(a) 第 1 个电缆支架；(b) 第 2 个电缆支架；(c) 第 3 个电缆支架；(d) 第 4 个电缆支架

7.6　桥梁电缆结构减振试制与测试研究

桥梁电缆系统的固有频率取决于电缆的设计、长度、直径和安装位置。通过设计电缆的配置方式和支撑结构，可以有效改变电缆的固有振动特性，避免桥梁电缆振动危害。针对电缆的配置方式和支撑结构，通过设计缓冲器和刚性支撑结构的相关参数，调整电缆的动力学性能是行之有效的措施之一。此外，适当的增加电缆结构中的阻尼层可以达到减振的效果。通过适当调整电缆的支承位置、支承刚度、安装缓冲器、增加电缆阻尼层等使电缆的固有频率避免机械共振的产生。

7.6.1　支架间距设计对结构减振的影响

首先针对按不同间距布置电缆支架对沿桥敷设电缆在车辆荷载作用时的位移响应进行了对比研究。当支架间距为 4m 和 8m 时，电缆向桥两端各延长 1m，共取 32m 电缆长度进行计算。对于延长部分的边界条件，在端点处通过等效的支架刚度阻尼参数，采用 COMBIN14 单元与刚性地基相连。4 种支架间距时电缆支架中间位置处的位移响应分别如图 7-28～图 7-31 所示。

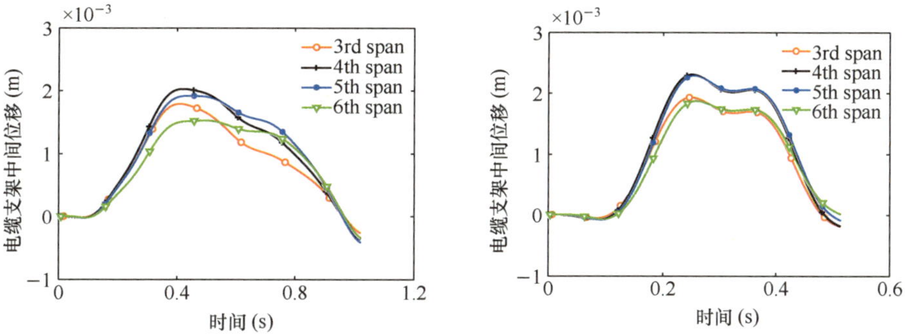

(a)　　　(b)

图 7-28　支架间距 d=4m 时的电缆支架中间位移响应

(a) 汽车荷载；(b) 列车荷载

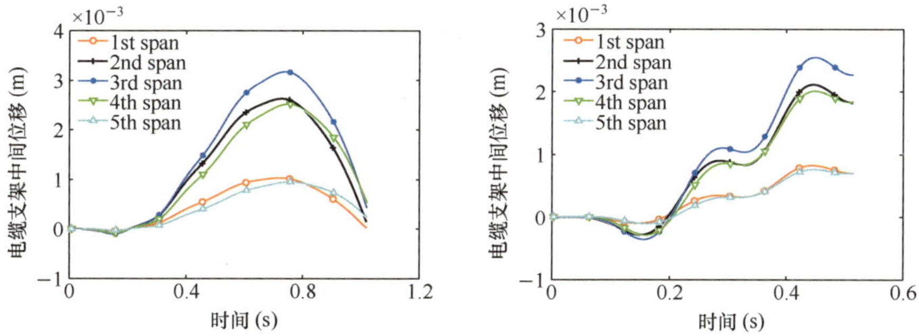

(a)　　　(b)

图 7-29　支架间距 d=6m 时的电缆支架中间位移响应

(a) 汽车荷载；(b) 列车荷载

由图可见，当电缆支架间距为 4m 和 10m 时，电缆支架中间位置处的位移响应比支架间距为 6m 和 8m 时的响应小。可见，支架间距不同，在相同移动荷载作用时的响应

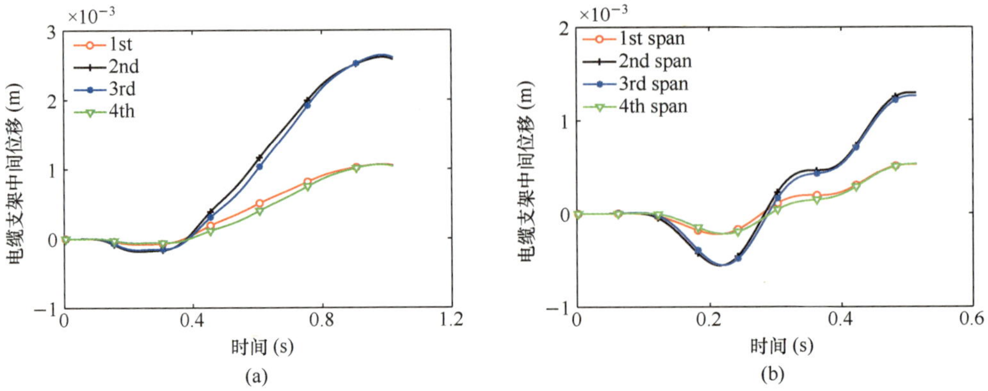

图 7-30 支架间距 d=8m 时的电缆支架中间位移响应

(a) 汽车荷载；(b) 列车荷载

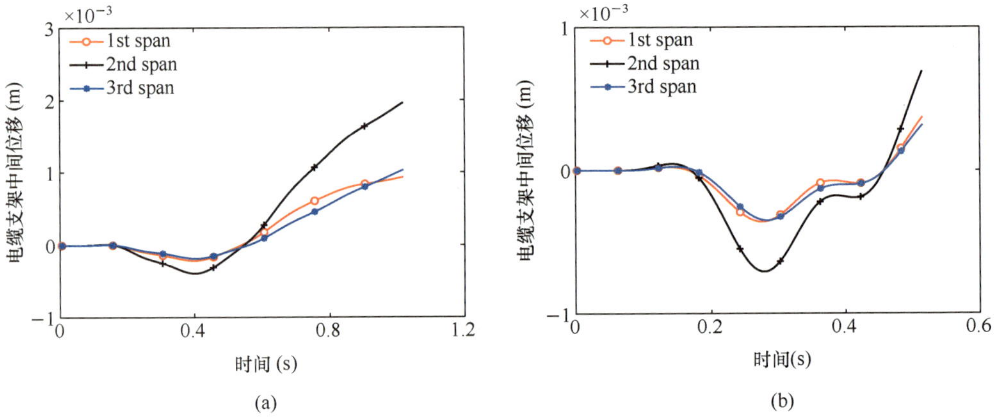

图 7-31 支架间距 d=10m 时的电缆支架中间位移响应

(a) 汽车荷载；(b) 列车荷载

也不同。当电缆支架间距介于这两种间距之间时，电缆的刚度没有显著增大或减小，但电缆的位移响应却比前两种支架间距时的电缆响应大。

7.6.2 支撑刚度设计对结构减振的影响

为了研究不同电缆支架支撑刚度对电缆支架中间位置处位移响应的影响，分别采用5组不同支架支撑刚度计算电缆支架中间位移响应，其中支架等效阻尼参数保持不变，各组参数见表 7-4。

表 7-4　不同电缆支撑刚度

编号	刚度（N/m）	阻尼（N·s/m）
k_1	1.72×10^9	4.75×10^3
k_2	1.72×10^6	4.75×10^3
k_3	1.72×10^4	4.75×10^3
k_4	1.72×10^3	4.75×10^3
k_5	1.72×10^2	4.75×10^3

图 7-32～图 7-34 所示分别为桥上各个电缆支架中间位置处的位移响应曲线。图 7-35 和图 7-36 所示分别为桥上第 3 个电缆左右两侧端点处的位移响应曲线。

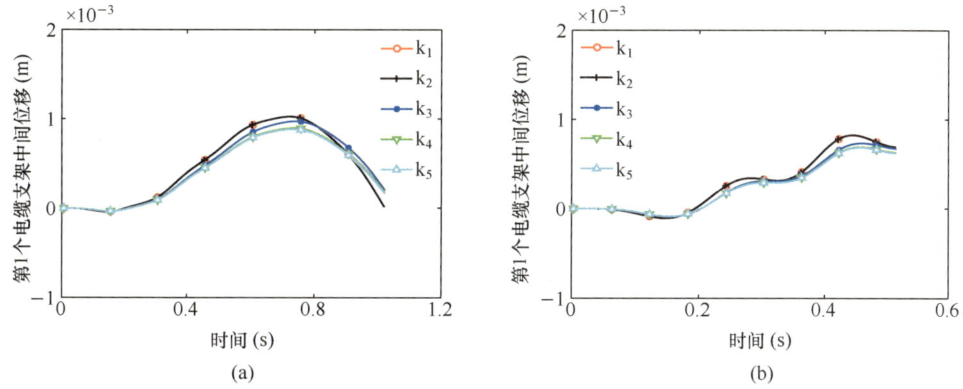

图 7-32　第 1 个电缆支架中间位移响应

(a) 汽车荷载；(b) 列车荷载

从电缆各个支架中间位移曲线可知，无论在汽车荷载作用还是列车荷载作用下，电缆支架的支撑刚度较大时，相应的位移响应也越大。较小支撑刚度可以在一定程度上较小电缆的位移响应。但由 k_4 和 k_5 两种刚度参数时的位移曲线可知，虽然两组支撑刚度不同，实际得到的位移响应却相差不大，这表明当支撑刚度小到一定数值时，继续减小支撑刚度也无法继续减小电缆的位移响应。同样地，由 k_1 和 k_2 两种支撑刚度时的位移曲线可知，当支撑刚度继续增大时，电缆的位移响应也不会继续增大。

由图 7-35 和图 7-36 中的第 3 个电缆左右端点的位移响应曲线可知，减少支架的支撑刚度能在一定范围减小电缆左右端点处的位移响应。通过对不同支撑刚度时的电缆位移响应的对比可知，当支架刚度无穷大时，桥梁相应位置处的响应会完全传递至电缆的

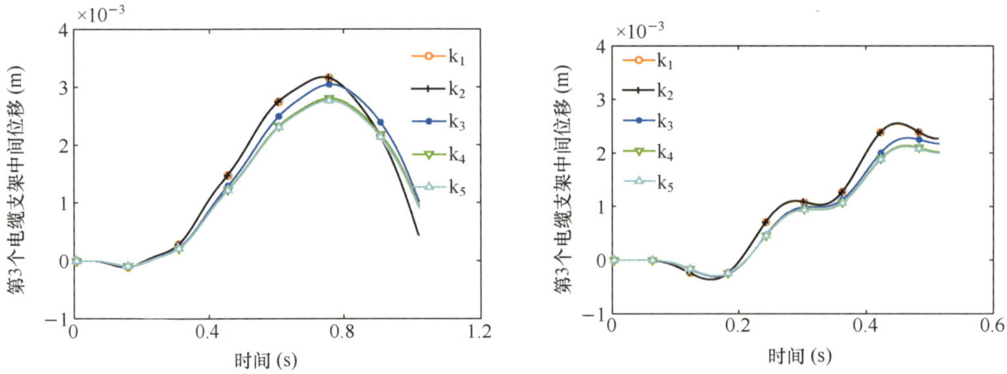

(a) (b)

图 7-33 第 3 个电缆支架中间位移响应

（a）汽车荷载；（b）列车荷载

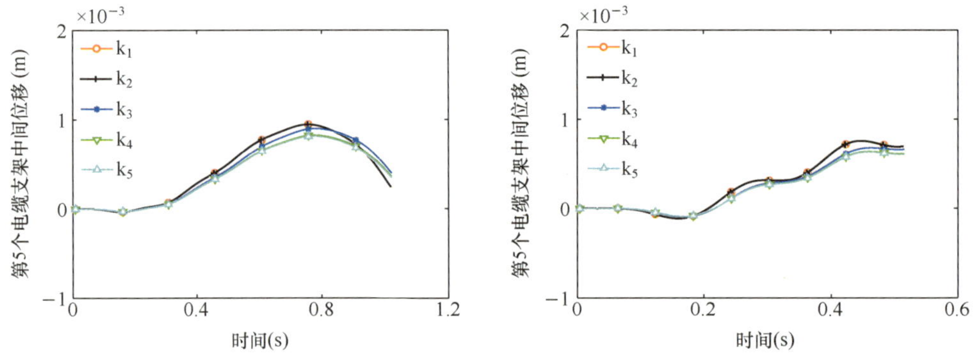

(a) (b)

图 7-34 第 5 个电缆支架中间位移响应

（a）汽车荷载；（b）列车荷载

左右端点，此时输入给电缆的响应等于桥梁相应位置处的响应。而当对支架支撑刚度进行调整后，能够较小桥梁响应对电缆的输入，从一定程度上实现了隔振的效果，从而使得电缆支架中间位置和左右端点的位移响应减小。

7.6.3 支撑阻尼设计对结构减振的影响

为了研究不同支架等效阻尼参数对电缆支架中间位移响应的影响，分别采用 4 组不同的等效阻尼参数，计算沿桥敷设电缆在车辆荷载作用下的位移响应，各组阻尼参数见表 7-5。

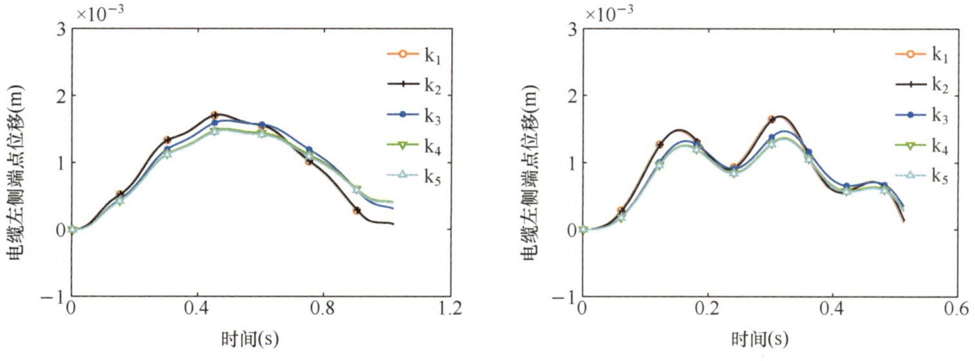

(a)　　　　(b)

图 7-35　第 3 个电缆左侧端点位移响应

（a）汽车荷载；（b）列车荷载

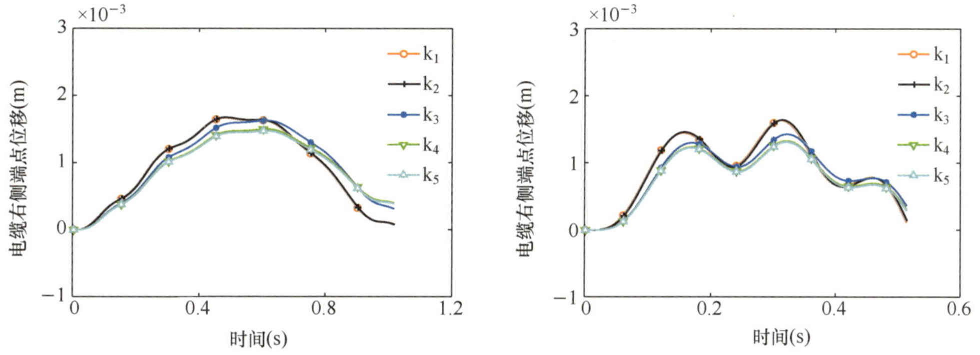

(a)　　　　(b)

图 7-36　第 3 个右侧端点位移响应

（a）汽车荷载；（b）列车荷载

表 7-5　　不同电缆阻尼参数

编号	刚度（N/m）	阻尼（N·s/m）
c_1	1.72×10^9	4.75×10^3
c_2	1.72×10^9	2.37×10^3
c_3	1.72×10^9	4.75×10^2
c_4	1.72×10^9	2.37×10^2

图 7-37～图 7-39 所示分别为不同支架等效阻尼时计算得到的桥上各个电缆支架中间位移响应曲线，图 7-40 和图 7-41 所示分别为桥上第 3 个电缆左右侧支架处的位移响应曲线。

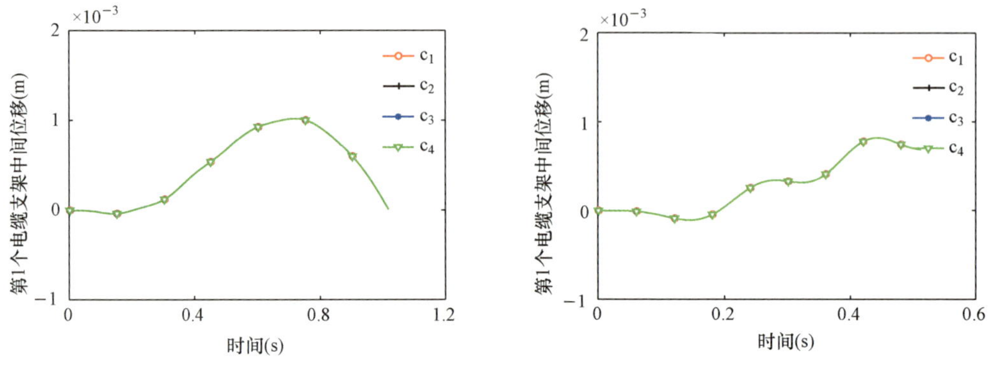

(a) (b)

图 7-37 第 1 个电缆支架中间位移响应

(a) 汽车荷载；(b) 列车荷载

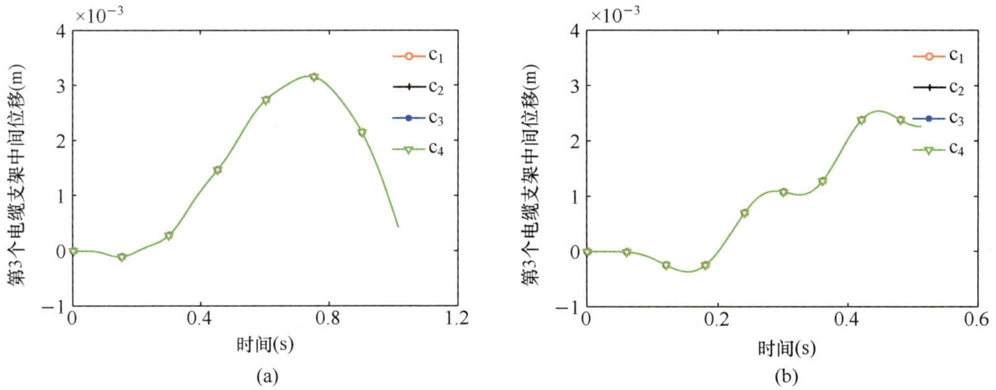

(a) (b)

图 7-38 第 3 个电缆支架中间位移响应

(a) 汽车荷载；(b) 列车荷载

当支架取不同阻尼参数时，得到的电缆位移响应基本相同，表明电缆位移受支架阻尼的影响很小。主要原因可能在于，电缆支架处的位移非常小，导致速度也很小，阻尼对振动的衰减作用不明显，导致不同的阻尼参数时的电缆响应基本相同。

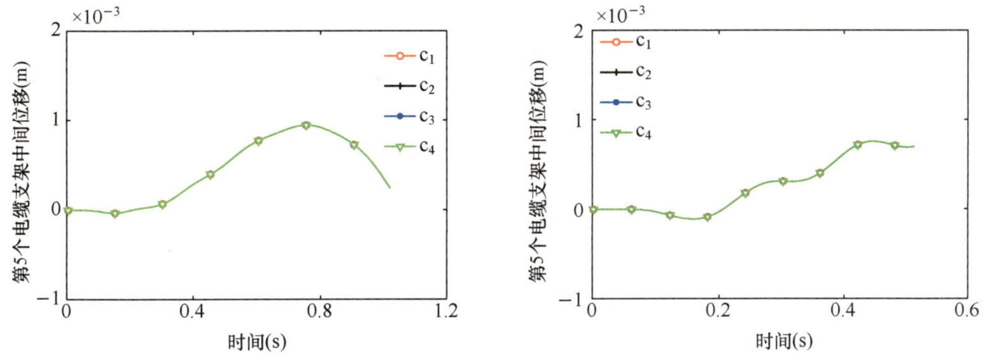

(a)　(b)

图 7-39　第 5 个电缆支架中间位移响应

(a) 汽车荷载；(b) 列车荷载

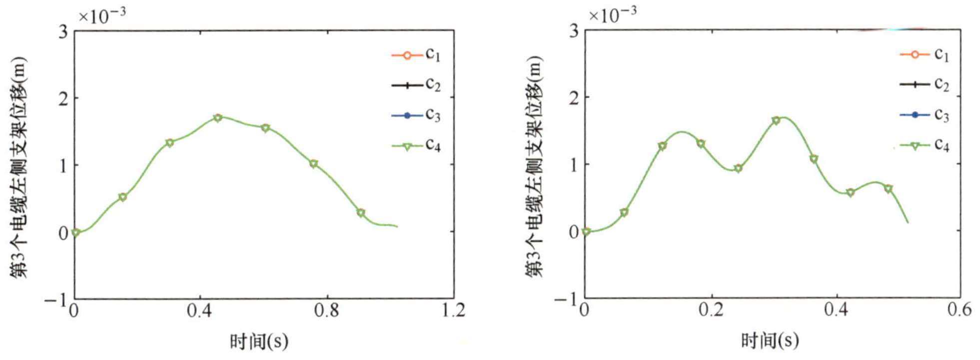

(a)　(b)

图 7-40　第 3 个电缆左侧支架位移响应

(a) 汽车荷载；(b) 列车荷载

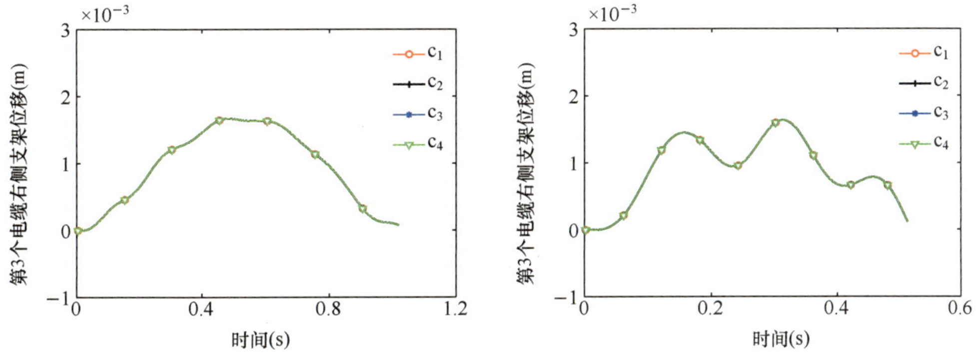

(a)　(b)

图 7-41　第 3 个电缆右侧支架位移响应

(a) 汽车荷载；(b) 列车荷载

7.6.4 减振阻尼元件设计对结构减振的影响

为了对电缆在移动车辆荷载作用下引起的响应进行减振控制，通过在电缆支架中间位置处布置不同阻尼参数的减振阻尼器，计算电缆的位移响应。采用 5 组不同参数的附加减振阻尼器，相应的参数见表 7 - 6，其中附加阻尼为 0 时不布置减振阻尼器，用于对比减振效果。减振阻尼器布置在桥上各个电缆的支架中间位置处。

表 7 - 6 不同减振阻尼元件

编号	支架		支架中间附加阻尼（N·s/m）
	刚度（N/m）	阻尼（N·s/m）	
ec_1	1.72×10^9	4.75×10^3	1000
ec_2	1.72×10^9	4.75×10^3	2000
ec_3	1.72×10^9	4.75×10^3	4000
ec_4	1.72×10^9	4.75×10^3	6000
ec_5	1.72×10^9	4.75×10^3	0

图 7 - 42 和图 7 - 43 所示分别为在电缆支架中间附加不同阻尼时的电缆支架中间位置处的位移响应曲线。

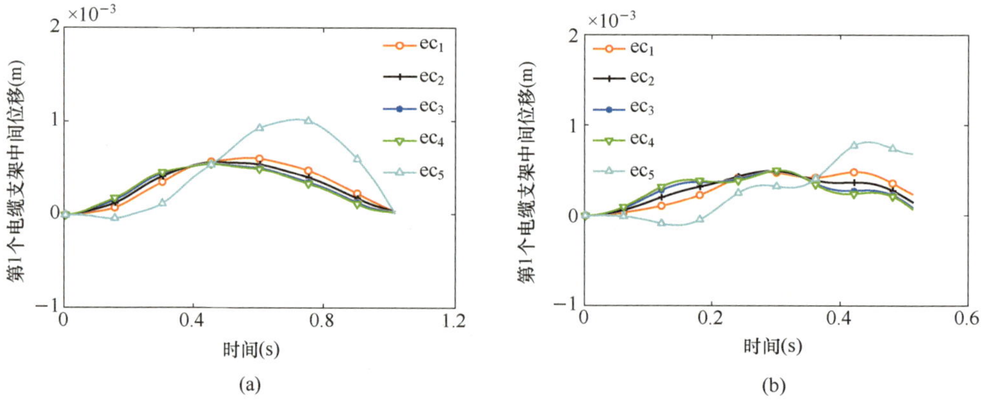

图 7 - 42 第 1 个电缆支架中间位移响应

（a）汽车荷载；（b）列车荷载

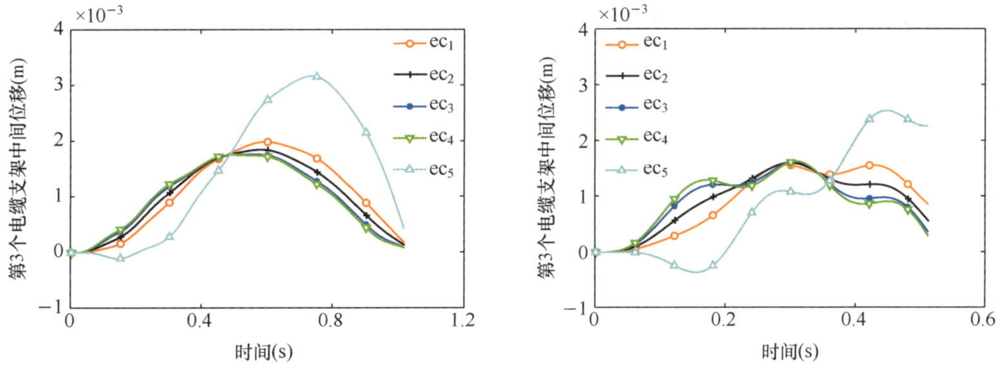

(a)　　　　　　　　　　　　(b)

图 7-43　第 3 个电缆支架中间位移响应

(a) 汽车荷载；(b) 列车荷载

由图可见，当在电缆支架中间额外布置阻尼器时，会使得电缆位移响应的峰值出现时刻比未布置阻尼器的情况更早，而且会使电缆在部分时刻时的位移响应比未布置阻尼器时的位移响应更大。但对比各种情况时的电缆位移峰值可知，通过增加减振阻尼器，可以有效地减小电缆位移的峰值，表明布置阻尼器具有一定的减振效果。对比ec_3和ec_4两种阻尼参数的电缆位移曲线可知，当减振阻尼器的阻尼参数增大时，可以减小电缆支架中间位置处的位移响应，但当阻尼参数增大到一定程度后，继续增大阻尼器的阻尼参数，得到的减振效果与较小阻尼参数时的基本相同，表明阻尼器的参数并非越大减振效果越好。

7.6.5　小结

通过对电缆以及桥梁—电缆结构开展自振特性分析和平稳随机振动分析，以及沿桥敷设电缆在移动车辆荷载作用下的响应进行的研究和对电缆的减振设计进行的研究，在对计算结果进行分析对比之后，得出以下主要结论。

(1) 从桥梁—电缆结构平稳随机振动响应功率谱和试验实测功率谱响应可知，功率谱的峰值位置既与电缆的自振特性有关，又与桥梁结构本身的自振特性有关。

(2) 布置在桥梁不同位置处的电缆响应不同，越靠近桥梁中部，电缆支架中间位置处的响应越大。

（3）不同的支架间距对电缆的响应也有影响，支架间距越小时，电缆响应越小，可通过增加电缆支架数目以减小电缆振动响应。

（4）支架的阻尼参数对电缆支架中间位置处的响应影响不明显，在电缆支架中间位置处额外布置阻尼器时，可有效减小电缆支架中间位置处的振动响应。

参 考 文 献

[1] 张振鹏，赵健康，李文杰，等. 交通载荷作用下跨海桥梁 - 电缆组合结构随机振动分析 [J]. 力学学报，2022，54 (4)：912 - 920.

[2] 王根成，丛贇，张振鹏，等. 桥梁敷设电缆伸缩补偿过程动力学建模及动态响应分析 [J]. 高电压技术，2023，49 (4)：1466 - 1474.

[3] 李程. 随桥敷设高压电缆技术在舟山群岛新区的规划应用研究 [D]. 北京：华北电力大学（北京），2017.

[4] 高林娜. 平潭海峡大桥桥上高压电缆工程设计 [D]. 福州：福州大学，2014.

[5] 张振鹏，蒙绍新，赵健康，等. 典型敷设条件下电力电缆线路运行振动特征值的测量试验 [J]. 高电压技术，2015，41 (4)：1188 - 1193.

[6] Cable systems in multipurpose or shared structures：CIGRE WG B1 - 08. Paris：CIGRE，2010.

[7] 黄海宾，冯江苏. 桥梁伸缩缝服役性能劣化的概率预警方法 [J]. 安全与环境学报，2022，22 (4)：1789 - 1796.

[8] 杨伟航. 关于高压电力电缆在桥梁上敷设的方案设计要点 [J]. 电网与清洁能源，2012，28 (12)：15 - 18.

[9] 王双. 超高压电缆沿大桥敷设伸缩补偿装置 OFFSET 的设计 [J]. 电线电缆，2015 (2)：18 - 21，33.

[10] 李盛翀，马宏忠，付明星，等. 基于热力耦合的高压大截面电缆应力和形变研究 [J]. 绝缘材料，2019，52 (3)：80 - 85.

[11] 杨鑫，刘真，梁振，等. 电 - 热耦合作用下高压电缆接头运行中复合界面热应力分布的仿真计算 [J]. 电机与控制学报，2020，24 (10)：100 - 108.

[12] 谢仕挺，高震，徐建良，等. 跨海大桥高压随桥电缆接地方案设计 [J]. 电工技术，2022 (13)：44 - 47. DOI：10.19768/j.cnki.dgjs.2022.13.012.

[13] 张德，尚秋峰. 220kV 单芯交流电缆蛇形敷设下热机械效应有限元分析 [J]. 电测与仪表，2020，57 (4)：61 - 65.

［14］刘刚，王鹏宇，毛健琨，等．高压电缆接头温度场分布的仿真计算［J］．高电压技术，2018，44（11）：3688-3698.

［15］王根成，闫循平，李捍平，等．随桥敷设高压电缆接头结构层温升与载流特性研究［J］．电力系统及其自动化学报，2022，34（8）：44-50.

［16］Hamdan M A，Pilgrim J A，Lewin P L．Thermo-mechanical analysis of solid interfaces in HVAC cable joints［J］．IEEE Transactions on Dielectrics and Electrical Insulation，2019，26（6）：1779-1787.

［17］Installation of underground HV cable systems：CIGRE WG B1-61．Paris：CIGRE，2023.

［18］谢仕挺，张磊，侯松生，等．电缆中间接头在桥梁上的结构疲劳特性分析［J］．电工技术，2022（23）：149-152. DOI：10.19768/j.cnki.dgjs.2022.23.038.

［19］李捍平，丛赟，李小炳，等．基于非线性电导绝缘的随桥敷设高压直流电缆接头电-热场分布及优化设计［J］．电气工程学报，2022，17（02）：226-234.

［20］杨世铭，陶文铨．传热学［M］．4版．北京：高等教育出版社，2006.

［21］乐彦杰，郑新龙，张占奎，等．基于电磁-热-流耦合场的多回路排管敷设电缆载流量数值计算［J］．科学技术与工程，2017，17（5）：197-202，261.

［22］李维特，黄保海，毕仲波．热应力理论分析及应用［M］．北京：中国电力出版社，2004.

［23］姚伟发．钢-混凝土组合梁桥火灾下的反应与灾后剩余承载力研究［D］．南京：东南大学，2016.

［24］陈轶玮，徐世泽．跨海大桥和海堤上高压电缆的敷设［J］．电力建设，2010，31（6）：58-61.

［25］郭志涛．海口如意岛跨海大桥沿桥敷设110kV电缆的设计要点［J］．产业科技创新，2020，2（30）：53-54.

［26］周韫捷，姜芸，蒋晓娟．远距离跨海大桥高压电缆敷设工程［J］．电网技术，2006，30（22）：87-90.

［27］吕安强，李静，张振鹏，等．夹具对高压绝缘电缆热学特性影响的有限元分析［J］．电工技术学报，2022，37（01）：283-290.

［28］钟宇军，李程，孙建生，等．国内外桥梁敷设电力电缆的可行性对比分析及建议［J］．浙江电力，2016，35（7）：16-19.

［29］刘鹏飞，郑津洋，孙国有．内压和振动载荷联合作用下埋地管线疲劳寿命评估［J］．机械强度，

2010，32（1）：125-129.

[30] 杨世迎，祝贺，何文，等．外部冲击下电力电缆护套结构性损伤研究［J］．振动与冲击，2020，39（24）：122-127.

[31] 赵莉华，杨兰，李巍巍，等．交联聚乙烯热老化与绝缘性能的关联关系［J］．中国电力，2020，53（9）：118-124.

[32] 张成，李洪飞，杨延滨，等．交联聚乙烯电缆老化、诊断及修复研究进展［J］．绝缘材料，2020，53（7）：1-11.

[33] 张振鹏，金建伟，刘骥，等. XLPE电缆的热-振动联合老化试验测试与分析［J]. 高电压技术，2018，44（11）：3707-3712.

[34] 张振鹏，蒙绍新，夏荣，等. 振动载荷条件下的交联聚乙烯绝缘老化特性试验研究［J]. 高电压技术，2016，42（8）：2399-2405.

[35] 刘骥，张明泽，张振鹏，等．外部振动对500kV交联聚乙烯电缆敷设条件的影响［J］．高电压技术，2017，43（2）：673-681.

[36] Cable systems electrical characteristics：CIGRE WG B1-30. Paris：CIGRE，2013.

[37] Wu SQ，Law SS. Evaluating the response statistics of an uncertain bridge-vehicle system. Mechanical Systems and Signal Processing［J］. 2012，27：576-589.

[38] 赵岩，周瑞鹏，贾甜．移动随机荷载作用下梁桥非平稳随机振动的PEM-FFT方法［J］．计算力学学报，2019，36（1）：65-70.

[39] Zhu Siyu，Li Yongle. Random characteristics of vehicle-bridge system vibration by an optimized pseudo excitation method［J］. International Journal of Structural Stability and Dynamics，2020，20（5）：2050069.

[40] 张振鹏，张明泽，刘骥，等. 振动条件下XLPE绝缘热老化的可靠性评估［J]. 高电压技术，2017，43（11）：3726-3731.

[41] 林家浩，张亚辉．随机振动的虚拟激励法［M］．北京：科学出版社，2004.

[42] 陈水生，赵辉，李锦华，等．基于相位调制的平稳非高斯桥面不平顺随机激励的模拟［J］．振动与冲击，2021，40（18）：70-79.

[43] Lu F，Kennedy D，Williams FW，et al. Non-stationary random vibration of FE structures subjected to moving loads［J］. Shock and Vibration，2009，16：291-305.

[44] Zhang Nan, Zhou Ziji, Wu Zhaozhi. Safety evaluation of a vehicle - bridge interaction system using the pseudo - excitation method [M]. Railway Engineering Science, Published online, 2021.

[45] 桂水荣，张政韬，陈水生，等. 桥面不平引起车桥系统随机振动车速因素分析 [J]. 振动、测试与诊断，2018，38 (6)：1223 - 1297.

[46] 翟婉明. 车辆—轨道耦合动力学 [M]. 北京：科学出版社，2007.

[47] 姚卫星. 结构疲劳寿命分析 [M]. 北京：科学出版社，2019.